山地黄牛
生态养殖

姚亚铃　编著

湖南科学技术出版社

序

我国现代肉牛产业虽然起步较晚，但随着人们生活水平的不断提高和区域农业经济发展对农业产业结构调整的需求牵引，肉牛养殖业的发展日新月异。自改革开放以来，肉牛产业从一个主要为种植业提供畜力服务的家庭副业逐步发展成为一个规模庞大且具有广阔市场前景的朝阳产业。

目前，我国肉牛业正处于由传统肉牛业向现代肉牛业转型的关键时期，尤其是广袤的南方山区，面临的问题还比较多：山地草业发展不平衡，优质牧草供应紧缺，饲料粮供需矛盾突出；养殖用地越来越少，劳动力资源紧缺；饲养方式比较落后，良种缺乏，个体生产性能还不高；生产者食品质量安全意识还比较淡薄，非法使用和添加违禁物质的现象时有发生；动物疫病病原种类增多，牛病防控形势仍然严峻；牛舍建设与设备配套相对还比较落后，牛粪和污水还没有完全得到有效的消纳和处理，环境控制与环境保护还有大量的工作要做；集约化、产业化程度相对较低，产业综合效益还不高，等等。这些问题不仅影响到我国肉牛业的可持续发展，还会影响人民的身体健康。因此，转变肉牛生产方式，实施生态养殖，是发展现代肉牛业的必由之路。

我国山地面积占国土总面积的 65%，黄牛存栏数量占牛存栏总数的 55% 以上，75% 以上的存栏黄牛分布在山区，因此发展山地黄牛对我国肉牛业意义重大。发展山地黄牛养殖，除了需要开展相关配套技术、现代设施设备等研发以外，还需要大力推广山地黄牛养殖实用技术，培养一大批新生代的高素质黄牛养殖者。湖南省草食动物产业技术体系怀化试验站站长姚亚铃同志与我相识于体系组建的元年，其务实、谦逊和勤勉的作风给我留下深刻的印象，此次以个人之力编写的《山地黄牛生态养殖》一书，以图文结合的形式介绍了山地黄牛生态养殖技术，科学性、实用性和可操作性强，对促进我国尤其是南方山地黄牛养殖、推进现代肉牛业可持续发展必将发挥积极作用。

中科院亚热带农业生态研究所所长

湖南省草食动物产业技术体系首席专家

2021 年 5 月

前　　言

　　我国是一个牛肉生产大国，也是一个牛肉消费大国。2020 年，全球牛肉总产量为 6043.1 万吨，我国为 678 万吨，仅次于美国和巴西；全球牛肉消费量为 5910.5 万吨，我国为 951.5 万吨，仅次于美国。从 2010 年到 2020 年，我国牛肉进口量增长近 90 倍。随着人们生活水平的提高以及膳食结构的变化，我国牛肉的需求量将会越来越大，肉牛业呈现出更加广阔的发展前景。

　　我国是一个多山的国家，山地面积大。广义上的山地包括山脉、高原和丘陵，约占国土总面积的 65%。我国养殖的牛亚科动物中以黄牛数量最多，其比重在 55% 以上。黄牛在我国分布很广，75% 以上分布在农区。发展山地黄牛养殖，对我国现代肉牛业发展意义重大。

　　当前，影响我国肉牛业健康、持续发展的问题仍然较多，如肉牛环境适应性与抗病力问题、动物疫病问题、食品质量安全问题、动物福利问题、草原超载过牧与退化沙化问题、土壤退化与水源污染问题、水土流失问题、农药残留与抗生素滥用问题、粪便污染及有害气体排放问题、农牧结合发展问题等，这些都可归属于畜牧业生态问题，应通过生态化途径解决。

　　本书以山地黄牛生产为出发点，紧密结合生态养殖这一主线，详细介绍了牛场建设与生态环境控制、黄牛品种资源及杂交利用、黄牛繁殖高产、人工草地建设与利用、黄牛的常用饲料及其加工调制、黄牛生态育肥、饲料卫生与安全使用、牛场卫生保健与疾病防治、牛场粪污生态处理及资源化利用九个方面的技术，图文并茂，通俗易懂，相信对我国山地黄牛养殖具有一定的指导意义。

　　在本书的编写过程中，参阅了国内外许多专家学者的著作，借鉴了一些从业者的经验，一些养牛企业提供了图片拍摄的便利，全国各地的同行慷慨提供了许多图片，在此一并诚挚致谢！提供图片的有：杨磊、彭运潮、姚茂清、李三要、张马兵、唐劲松、吴云斌、李付强、李志才、李剑波、张翠永、周孝怀、李克跃、姚锴民、姚建平、肖旭、廖开文、胡佳卓、胡辉、曾军、刘海林、蔡正付、孙卫清、祝远魁、蔡中峰、邓艳芳、贾建华、李洪海、马留臣、王建钦、王巧华、杨仕林、王玉林、赵永清、袁跃云、王军、许结红、赵树荣、杨建军、张魁、原积友、王巍巍、田宏志等。

因时间仓促，加上水平有限，书中难免有不足甚至是错误之处，恳请广大同仁及读者批评指正。

编　者
2021 年 4 月

目　　录

第一章　牛场建设与生态环境控制技术

第一节　牛舍建筑的环境要求

牛舍作为黄牛的重要生产环境，直接关系到黄牛的养殖效果，因此，牛舍建筑必须满足黄牛对环境的要求。牛舍对环境的要求主要包括温度、湿度、气流、光辐射以及空气质量等。

一、温度

（一）温度对黄牛的影响

在众多环境影响因子中，温度对黄牛功能的影响最大，主要是通过热调节影响黄牛的生长性能和繁殖性能。我国山地海拔高低不同，一般情况下，同一地区海拔每升高 91.44 m，气温就下降 0.55 ℃。我国南北跨度大，纬度每增加 1°，气温就会下降 0.55 ℃。

1. 高温对黄牛的影响

在高温环境下，机体散热受阻，体内蓄热，使体温升高，导致热射病，引起神经系统紊乱。表现为体温升高、行动迟缓、呼吸困难、口舌干燥、食欲减退等症状。

高温能使公牛睾丸温度升高，精液减少，精液质量下降，精子畸形率增高，还能使公牛性功能下降，性欲减退。短期的热应激可使精液质量长期难以恢复。

高温能影响母牛的激素水平，对胚胎的附植和早期胚胎有严重危害。高温能使青年母牛初情期延迟，不发情或发情持续期缩短，受胎率下降。高温还可能引起死胎、流产。

2. 低温对黄牛的影响

在冬季低温环境下，黄牛易发生感冒、气管炎、支气管炎、肺炎以及肾炎等疾病，初生犊牛由于体温调节能力尚未健全，更容易受到低温的不利影响。

黄牛对低温的耐受力较强，可通过自身调节维持正常体温。但低温时间过长，可引起体温下降，代谢率也随之下降，血压升高，尿液分泌增加，血液环境失调。在呼吸器官中发生渗出和微血管出血，抗体形成和细胞吞噬作用减弱，严重者可导致中枢神经麻痹而死亡。

（二）牛舍适宜温度条件

黄牛耐寒不耐热，当温度在－15 ℃时，黄牛仍能正常生活；当温度上升到32 ℃时，黄牛生产性能和繁殖性能受到影响。黄牛的适宜温度范围和生产环境温度界限见表1－1：

表1－1 黄牛的适宜温度范围和生产环境温度界限 单位：℃

类别	适温范围	生产环境温度界限	
		低温	高温
哺乳犊牛	13～25	5	30～32
育成牛	4～20	－10	32
育肥牛	0～10	－10	30

（三）牛舍温度控制措施

1. 防暑与降温

（1）牛舍设计。南方温暖地区，可选择建设开放式或半开放式牛舍；南方冬季寒冷地区以及北方地区，可选择建设封闭式牛舍（图1－1、图1-2、图1－3）。

图1－1 封闭式牛舍

图1－2 开放式牛舍

图 1-3　半开放式牛舍

（2）屋顶隔热设计。热带地区可建设双层通风屋顶，层间层高度平屋顶 20 cm，坡屋顶 12～20 cm；在夏热冬暖的南方地区，可在屋面最下层铺设导热系数小的材料，中间铺设蓄热系数大的材料，最上层铺设导热系数大的材料。而在夏热冬冷的北方地区，屋面最上层应为导热系数小的材料（图 1-4、图 1-5）。屋顶还可用石灰或其他白色涂料刷白，增强屋面反射，减少太阳辐射热量向舍内传递。平顶牛舍屋顶还可种草隔热（图 1-6）。

图 1-4　隔热棉隔热

图 1-5　彩钢夹心泡沫板隔热

图 1-6　屋顶种草隔热

（3）舍内通风设计。自然通风牛舍可设置天窗、地窗、通风屋脊或者屋顶通风管等设施，以增加通风量（图1-7）。

图1-7　屋顶通风设计

（4）遮阳设计。常用遮阳板或加长屋檐的形式。南向牛舍水平遮阳，西向、东向牛舍垂直遮阳。加长屋檐时，不应超过80 cm。运动场可建凉棚遮阳，高度2.8~3.5 m，与牛舍保持一定距离，如太近，会使阴影射到牛舍上而形成无效阴影，还会影响牛舍通风（图1-8）。

图1-8　运动场凉棚

（5）绿化设计。绿化既可美化环境、降低粉尘、减少有害气体和噪声，又可起到遮阳的作用。场院墙周边、场区隔离带可种植乔木和灌木，道路两旁可种植高大乔木或攀缘植物，运动场选在南侧和西侧种植高大乔木（图1-9、图1-10）。

图1-9　场内绿化

图1-10　牛舍遮阴林

（6）降温设施设计。一般采用强力通风设备、洒雾设备、洒雾通风设备等。可在牛舍的屋顶或两侧安装吊扇，也可选择轴流式排风扇，采用屋顶排风或两侧排风的方式。安装喷头时，每隔 6 m 安装 1 个，有效水量为 1.2～1.4 L/min。有条件的牛场，可采用冷风机，冷风机是一种喷雾和冷风相结合的降温设备，既可降温，还可进行消毒（图 1-11、图 1-12）。

图 1-11　冷风机降温　　　　　　图 1-12　喷雾配风机降温设施

2. 防寒与保暖

（1）牛舍设计。寒冷地区和冬冷夏热地区可采用封闭式牛舍，冬冷夏热地区还可以采用半开放式牛舍，冬季半开部分覆盖薄膜、帆布保温。

（2）屋顶保温设计。屋顶应选择导热系数小的材料。天棚可使屋顶与舍内形成相对静止的空气缓冲层，如果在天棚中添加一些保温材料如锯末、玻璃棉、膨胀珍珠岩、矿棉、聚乙烯泡沫等材料，则可以提高屋顶热阻值。

（3）墙壁保温设计。尽量选择导热系数小的材料，可选用空心砖或加气混凝土砖，其中加气混凝土砖效果更好，相比普通红砖，其热阻值可增加 6 倍。此外，还可以采用一些新型的保温材料，如全塑复合板、夹层保温复合板等。

（4）地面保温设计。可在牛床上加设橡胶垫、木板或塑料等，保温效果好。小群饲养时，可在舍内铺设垫草。

（5）增温设施设计。可采用暖风机、热风炉、地火龙等进行增温。

二、湿度

湿度主要是通过影响机体的体热调节而影响黄牛的健康和生产力，通常与温度、气流和热辐射等因素综合作用对黄牛产生影响。

（一）湿度对黄牛的影响

1. 高湿对黄牛的影响

（1）高温高湿。高温高湿可使机体散热受阻，产生热应激，易患中暑性疾病，严重时会使体温升高，机体功能失调，呼吸困难，最后死亡。高温高湿可促进病原性真菌、细菌和寄生虫的发育，易使黄牛发生传染病，易患肢蹄病以及疥癣、湿疹等皮肤病。此外，高温高湿还不利于饲料储藏，易发生霉变而引起黄牛真菌毒素中毒。

（2）低温高湿。低温高湿会增加牛体热散发，使体温下降，生长受阻，饲料报酬降低，长时间过冷也可造成黄牛死亡。低温高湿使牛易患各种呼吸道疾病、神经痛、关节炎、风湿病、肌肉炎以及消化道疾病等。

2. 低湿对黄牛的影响

低湿可使牛的皮肤以及口、鼻、气管等黏膜发生干裂，影响皮肤和黏膜对微生物的防卫能力。当相对湿度在 40％ 以下时，黄牛易患呼吸道疾病。

（二）牛舍适宜湿度条件

相对湿度为 50％～80％ 适宜黄牛的生长，其中以 60％～70％ 最为适宜。高于 85％ 时为高湿环境，低于 40％ 时为低湿环境。

（三）牛舍湿度控制措施

可采用自然通风或负压通风来控制牛舍湿度，自然通风可通过门窗来实现，负压通风可通过安装负压风机来实现。通风换气，既能排出舍内水汽和多余的热量，还可排出舍内有害气体、微生物和微粒。另外，为保持牛床的干燥，可铺设稻草等垫草，其吸水率可达 2～3 倍。

三、气流

气流又称风，通过对流作用，使牛体散发热量，高温时缓和暑热，低温时助长寒冷。

（一）气流对黄牛的影响

空气对流可带走牛体所散发的热量，起到降温的效果，尤其是炎热季节，更有助于防暑降温。但在寒冷季节，若受大风侵袭，会加重低温效应，使黄牛抗病力下降，尤其是犊牛，易患呼吸道、消化道疾病，同时增加黄牛能量消耗，使生产力下降。

（二）牛舍气流适宜速度

寒冷季节舍内适宜气流速度为 0.1～0.3 m/s，最高不超过 0.5 m/s。炎热季节气流速度可提高到 0.9～1.0 m/s。

（三）牛舍气流控制措施

北方地区通常将夏季通风量作为牛舍最大通风量、冬季通风量作为最小通风量来设计。门窗可调节一定通风量。屋顶可设置通风管，还可在屋顶风管中或山墙上加设风机排风，可加速空气流通。夏季还可通过安装风扇或通风加喷淋等设备来改变气流速度。

四、光辐射

阳光中的紫外线约占太阳辐射总能量的50%，其对动物的作用是热效应，即照射部位因受热而温度升高。我国山地大多地形复杂，阳光照射不均。山地海拔高低不同，接受太阳辐射的热量也不同，通常海拔越高，太阳辐射就越强。

（一）光辐射对黄牛的影响

寒冷的冬季，光辐射有助于防寒；高温的夏季，光辐射会使牛体温升高，导致日射病。

（二）牛舍适宜的采光系数

一般情况下，牛舍适宜的采光系数为1∶16，其中犊牛舍为1∶（10～14）。适宜的日照时间为6～8 h，强度10～30 lx。

（三）牛舍光辐射控制措施

牛舍一般采用自然采光（图1-13），为了生产需要也可采用人工光照。自然采光时，进入牛舍的光分直射光和散射光，夏季应避免直射光，冬季则应使直射光射到牛床上，以保持牛床干燥和牛体温暖（图1-14）。为了利于采光，窗户面积应接近于墙壁面积的1/4。

　图1-13　自然采光　　　图1-14　冬季利用直射光

开放式牛舍和半开放式牛舍冬季须用帆布或塑料薄膜将敞开面围起来，这样虽然保温，但会影响采光。为保证采光，可在屋顶安装采光瓦，夏季温度不高的地区可选用普通单层采光瓦，夏季温度较高的地区可选用带夹层的具有隔热作用的采光瓦（图1-15、图1-16）。

图 1-15 屋顶间隔安装采光瓦

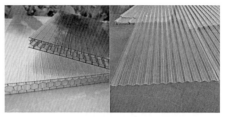

图 1-16 采光瓦

五、空气质量

(一) 空气质量对黄牛的影响

1. 有害气体

牛舍内的有害气体来源于粪尿分解、剩余饲料发酵、黄牛呼吸以及排放的臭气，包括氨气、二氧化碳、硫化氢、甲烷、一氧化碳、挥发性脂肪酸、酸类、醇类、酚类和吲哚等，其中影响较大的主要是氨气、二氧化碳和硫化氢。这些有害气体直接影响黄牛健康，使黄牛体质下降，繁殖率降低，生产力下降，重者引起疾病，甚至死亡。

(1) 氨气。氨气可引起黏膜充血，发生炎症，严重者失明。氨气进入呼吸系统，可引起咳嗽，上呼吸道充血，发生气管炎和支气管炎。氨气经肺泡进入血液，可与血红蛋白结合，破坏血液运氧能力，造成组织缺氧。高浓度氨气吸入，可直接刺激机体组织，引起碱性化学性灼烧，使组织溶解、坏死；还能引起中枢神经系统麻痹、中毒性肝病、心肌损伤等。

(2) 二氧化碳。二氧化碳可造成舍内缺氧，引起黄牛慢性中毒，生产力下降，精神萎靡，食欲减退，体质衰弱，易感染结核等传染病。

(3) 硫化氢。硫化氢对黏膜产生强烈刺激，可引起眼炎、呼吸道炎甚至肺水肿。硫化氢经肺泡进入血液，可与氧化酶结合而使后者失去活性，造成组织缺氧。长期低浓度硫化氢影响可导致黄牛体质衰弱，抗病力下降。高浓度硫化氢可使黄牛呼吸中枢麻痹而窒息死亡。

2. 尘埃

牛舍内尘埃小部分来源于空气带入，大部分来源于饲养过程。尘埃对黄牛的最大危害是通过呼吸道造成的，其危害程度取决于尘埃直径大小，取决于尘埃吸附微生物和有毒有害气体的程度。10 μm 以上的尘埃可停留在鼻腔内，对牛影响小；5～10 μm 的尘埃可达支气管，易引起支气管炎和气管炎；5 μm 以下的尘埃可进入细支气管和肺泡，易引起肺部疾病。

（二）牛舍空气质量控制标准

牛舍空气中的有害气体含量，氨气不应超过 0.0026 mg/L，二氧化碳不应超过 0.25%，硫化氢不应超过 0.001%。牛舍空气中的尘埃量不应超过 0.5～4 mg/m³。

（三）牛舍空气质量控制措施

1. 有害气体

（1）加强牛舍通风换气。可通过设置地脚窗、屋顶天窗、通风管、电扇、风机等方法，加强通风换气，减少有害气体在舍内的停留。

（2）加强源头控制。可通过科学配制日粮、采用科学的饲料加工工艺、日粮中添加酶制剂以及添加除臭剂等措施，提高饲料的消化率，减少有害气体的产生。

（3）做好粪污处理。及时清除牛舍粪尿和污水，采用科学的粪污处理技术，如厌氧发酵等，实现牛场粪污无害化处理和资源化利用，减少有害气体和恶臭的产生。

（4）做好场区绿化。场区间种植隔离林带，牛舍周围及道路两旁植树种草。据报道，每公顷阔叶林每天可吸收 CO_2 1000 kg；每公顷草地每天可吸收 CO_2 900 kg，产生 O_2 600 kg。

2. 尘埃

牛场选址应距离公路、村庄等 500 m 外，可在牛场内外植树种草、舍内安装喷淋系统、设置通风换气设施，以减少空气中的尘埃。

六、噪声

噪声来源于舍外传入、舍内机械产生以及黄牛自身产生。

（一）噪声对黄牛的影响

噪声可影响黄牛的休息、采食，可使黄牛生长发育缓慢、繁殖性能不良等。

（二）牛舍噪声控制标准

牛舍噪声水平以白天不超过 90 dB、夜间不超过 50 dB 为宜。

（三）牛舍噪声控制措施

牛场选址应离村庄、铁路、公路等 500 m 之外，还可在牛场周围植树，可降低噪声。

第二节　牛舍的类型

牛舍建筑必须符合黄牛的生物学特性以及黄牛对环境的要求。按照养殖方式区分，牛舍可分为拴系式牛舍和围栏散养式牛舍。

一、拴系式牛舍

拴系式牛舍是用链绳或牛颈枷将牛固定拴系在饲槽上或饲槽边的栏杆上，限制其活动。拴系式牛舍占地面积小，节约土地，牛只活动量少，饲料利用率高，同时便于精细管理。拴系式牛舍可分为全开放式牛舍、半开放式牛舍和封闭式牛舍。

（一）全开放式牛舍

全开放式牛舍上有屋顶，四面无墙，或只有端墙，起到遮阳和挡雨雪的作用。这种牛舍结构简单，建设成本较低，透风性很好，但冬季保温能力差，适合温暖地区。为了冬季防寒，可在敞开部分加设卷帘或塑料薄膜（图 1-17、图 1-18）。

图 1-17　全开放式牛舍（一）　　　图 1-18　全开放式牛舍（二）

（二）半开放式牛舍

半开放式牛舍上有屋顶，三面有墙，正面无墙或有半截墙。一般情况下，东、西、北三面设立墙体，南面完全敞开。相比开放式牛舍，半开放式牛舍夏季通风较差，但冬季保温性能较好。这种牛舍冬季常在敞开部分加设塑料薄膜、阳光板或卷帘，以增强保温能力。这种牛舍通风面积大，具有良好的降温作用，适于湿度中等的华北、中原地区（图 1-19、图 1-20）。

北方地区常采用的塑料暖棚牛舍就是一种半开放式牛舍，用塑料薄膜将敞开部分封闭起来，利用太阳光和牛体自身散发的热量提高舍温。为保证舍内温湿度，每天应定时通风。

图1‑19　半开放式牛舍（一）　　　图1‑20　半开放式牛舍（二）

（三）封闭式牛舍

封闭式牛舍上有屋顶，四面有墙，墙上开设门窗，有条件的安装风机。封闭式牛舍便于舍内环境控制，舍内的温度、湿度、采光、通风换气等均可通过人工或机械设备来完成。封闭式牛舍有利于冬季保温，适于北方寒冷地区以及其他冬季寒冷地区（图1‑21、图1‑22）。

图1‑21　封闭式牛舍（一）　　　图1‑22　封闭式牛舍（二）

二、围栏散养式牛舍

围栏散养式牛舍多为开放式或棚舍式牛舍，与围栏结合使用，牛在舍内不拴系，散放饲养，自由采食，自由饮水。

（一）开放式围栏牛舍

牛舍上有屋顶，三面有墙，向阳面敞开，与围栏相接。舍内及围栏内均铺水泥地面或火砖地面。饲槽和水槽设在舍内。牛休息场所和运动场所为一体，可自由进出。舍内牛床面积每头牛2 m^2，舍外运动场面积每头牛3~5 m^2。每栏一般饲养15~20头牛（图1‑23、图1‑24）。

图 1－23　开放式围栏牛舍（一）　　　图 1－24　开放式围栏牛舍（二）

（二）棚舍式围栏牛舍

牛舍上有屋顶，四面无墙，仅有水泥柱子或钢管柱子作支撑结构。其布局、设施、占地面积等均与开放式围栏牛舍相类似（图 1－25、图1－26）。

图 1－25　棚舍式围栏牛舍（一）　　　图 1－26　棚舍式围栏牛舍（二）

第三节　牛场的选址与布局

一、牛场选址

场址选择应充分考虑城镇和乡村建设长远规划，充分考虑当地农业发展规划，选择在当地人民政府划定的宜养区建场，严禁在禁养区建场。

（一）地势

地势高燥，平坦或略有坡度（以 2％～3％为宜）；地下水位在 2 m 以下，背风向阳，空气流通，排水良好，场区小气候稳定；在山区，由于平地面积较小，坡度较大，可选择缓坡建场，最好北高南低，但坡度不宜超过 25％（图 1－27、图 1－28）。

图 1 - 27　牛场选址宜地势平坦　　图 1 - 28　山区可选择缓坡建场

（二）地形

理想的地形是开阔整齐的正方形或长方形，不规则地形需要根据功能区划分，合理布局。

（三）土地面积

根据设计存栏规模确定，一般育肥牛场场区占地面积按每头育肥牛 $30\sim40$ m² 计算，繁殖母牛养殖场按每头牛 $45\sim55$ m² 计算。不同规模牛场占地面积的调整系数为 $10\%\sim20\%$。一般牛舍及配套建筑的建筑面积为全场总面积的 $10\%\sim20\%$。

（四）土质

选择透水性较强、毛细血管作用弱、吸湿性和导热性较小、抗压力强、质地均匀的土壤。较理想的土质为沙性土壤，兼具沙土和黏土的优点，既克服了黏土透水透气性差、吸湿性强的缺点，又弥补了沙土导热性大、热容量小的不足。

（五）水源

取水方便，水源充足，能满足黄牛饮水、人员生活用水、饲养管理用水以及消防和灌溉用水。牛场需水量一般可按照每头牛每天 100 kg 来计算。水质应清洁，符合人畜饮用水标准。

（六）电力

电力供应充足可靠，电力负荷为民用建筑供电等级二级，自备电源的供电容量不低于全场日常电力负荷的 1/2。

（七）交通

交通便利，进出场区主干道能够满足大货车会车。放牧牛场要考虑放牧和收牧时牛只进出方便，牧道不能与公共交通道路混用，防止与铁路、水源交叉。

（八）粪污消纳地

牛场不能成为周围环境的污染源，应实行种养结合，就近选择粪污消纳地。耕地消纳牛粪的容量既取决于土壤的质地、肥力，又取决于农作物的吸收量。目前我国尚未制定畜禽粪便的施用标准，但有研究表明，每公顷耕地能够承载的畜禽粪便限值为 30 t（按猪粪当量）。一头成年牛年产粪 7300 kg，尿 3650 kg，按猪粪当量换算系数（牛粪 0.69、牛尿 1.23）计算，一头成年牛年产粪尿的猪粪当量为 9.5 t。因此，牛场建设应根据养殖规模合理规划粪污消纳地。

（九）周围环境

距离牧草基地或农作物种植基地较近，便于采购饲草饲料；周边没有毁灭性家畜传染病，没有超过 85 dB 噪声的工矿企业，没有皮革、造纸、农药、化工等有污染危害的工厂。

二、功能分区

根据生产功能，牛场通常可分为生活区、管理区、生产及辅助生产区、病牛隔离观察治疗区、废弃物无害化处理区。各功能区应根据主风向和地势高低依次排列，各功能区之间宜相距 50 m 以上，隔离区应距其他区100 m 以上。牛场的功能分区，小规模牛场因陋就简，以生产区为主；大规模牛场则应严格分区，各区必须密切配合，协同工作（图 1-29）。

图 1-29　牛场功能分区布局

（一）生活区

生活区是牛场职工生活的区域，包括宿舍、食堂以及休闲娱乐场所。建在牛场上风头和地势较高地段，用围墙与其他区域隔开，并与生产区保持100 m 以上的距离，以保证生活区良好的卫生条件，也是牛群防疫的需要。

（二）管理区

管理区是牛场职工办公和对外业务联系的区域，包括办公室、财务室、接待室、档案室、化验室等。管理区应设在牛场上风向和地势较高的区域，与生产区隔离，保持在 50 m 以上的距离。一般设在进入牛场主干道一侧，便于与外界联系。

（三）生产及辅助生产区

生产及辅助生产区是牛场的核心区，包括牛舍及其配套设施。育肥场主要是育肥牛舍，繁殖场主要有成年母牛舍、育成母牛舍、产房、成年公牛舍、育成公牛舍、犊牛舍等。配套设施包括消毒室、更衣室、消毒池、兽医室、兽药室、配种室、产房、青贮池、干草棚、精粗饲料加工间、拌料间、物料库、地磅及磅房、个体秤、装卸牛台、配电室、水塔等设施。干草棚与其他建筑应保持 50 m 以上的间距，利于防火安全。生产及辅助生产区要用围墙或者围栏隔离，出入人员和车辆必须经过消毒后方可进入。

（四）病牛隔离观察治疗区

病牛隔离观察治疗区包括观察隔离舍、病牛隔离舍、兽医室、病牛处理间、粪尿消毒坑、装卸牛台等。该区应设在牛场的下风口和地势较低处，与生产区距离 100 m 以上。设置单独通道，便于消毒和污物处理。

（五）废弃物无害化处理区

废弃物无害化处理区包括粪污贮存池、粪污无害化处理设施、病死牛无害化处理设施等。该区设置在牛场地势较低处和下风向或侧风向，且最好与生产区有 100 m 的间隔，由围墙和绿化带隔开，并远离水源。废弃物无害化处理区设置专门的道路，与生产区相连。

三、建筑布局

（一）牛舍布局

1. 牛舍排列

牛舍应横向成排、竖向成列，尽量做到合理、整齐和美观（图 1-30）。牛舍内的排列常有单列式、双列式和多列式。单列式适合场地狭长的小规模牛场；双列式应用较多，适合小到中等规模牛场（图 1-31）；多列式适合场地宽阔的大型牛场。

图 1 - 30　牛舍布局　　　　　　图 1 - 31　双列式牛舍

2. 牛舍朝向

牛舍朝向应根据当地地理纬度、当地环境、局部气候以及建筑用地条件等几个方面来确定。适宜的朝向既可满足黄牛对太阳光照的需求，又能满足牛舍通风的需求（图 1 - 32）。炎热地区应尽量避免太阳西晒，寒冷地区和冬冷夏热地区应尽量避免西北风。一般情况下，牛舍多采用南向，可以适当偏东或偏西 15°。

图 1 - 32　适宜朝向可满足光照和通风需求　　图 1 - 33　牛舍间距不少于 10 m

3. 牛舍间距

牛舍间距应根据舍内采光、通风、防疫和防火等因素来确定。采光间距应根据当地的纬度、日照要求以及牛舍檐高来确定。通常，采光间距为檐高的 1.5～2 倍，通风和防疫间距、防火间距均为檐高的 3～5 倍。实际生产中，牛舍之间的距离应不小于 10 m（图 1 - 33）。

（二）配套设施布局

消毒室、更衣室、消毒池：一般置于管理区与生产区之间的生产大门入口处。消毒室、更衣室用于进出人员消毒，消毒池用于进出车辆消毒。

兽医室、兽药室：一般置于生产区管理中心位置，便于生产管理。

配种室、产房：一般置于成年母牛舍附近。

个体秤、装（卸）牛台：一般置于生产区一角，用于出栏牛称重和装（卸）牛。

青贮池、干草棚、精粗饲料加工间、拌料间、物料库、地磅及磅房：设置在下风口，靠近养殖区，与牛舍保持 50 m 以上距离，与养殖区筑墙分开，既便于取草取料，又便于防火。

配电室、水塔：置于靠近饲草饲料区。

（三）道路布局

牛场应规划净道和污道，两者不得交叉、混用，道路宽度一般不小于 4 m，转弯半径不小于 8 m。道路上空净高 4 m 内没有障碍物（图 1 - 34、图 1 - 35）。

图 1 - 34　净道　　　　　　　　　图 1 - 35　污道

第四节　牛场的设计与建设

一、牛舍建筑要求

（一）母牛舍

每头母牛占地面积 8～10 m²，运动场面积 20～25 m²。采食位和卧栏的比例以 1∶1 为宜。牛舍跨度，单列式牛舍为 7 m，双列式牛舍为 12 m。牛舍长度，以实际情况决定，但不应超过 100 m（图 1 - 36、图1 - 37）。

图 1 - 36　大型牛场母牛舍　　　图 1 - 37　中小规模牛场母牛舍

（二）犊牛舍

每头犊牛占地面积 3～4 m²，运动场面积 5～10 m²。地面应干燥（图 1-38、图 1-39）。

图 1-38　犊牛舍　　　　　图 1-39　犊牛舍运动场

（三）育成牛舍

除卧栏尺寸和母牛舍不同，其他基本与母牛舍一致，每头占牛舍面积 4～6 m²，牛位宽 1.0～1.2 m，牛床长度 1.8 m（图 1-40）。

图 1-40　育成牛舍

（四）育肥牛舍

育肥分为普通育肥和高档育肥。普通育肥牛舍分为拴系式牛舍和散养式牛舍，拴系式牛舍可以不设运动场，散养式牛舍每头牛占地面积 6～8 m²，牛位宽 1～1.2 m，牛床长度 1.8 m（图 1-41）。高档育肥牛舍采用散养式，自由运动、自由采食、自由饮水，牛舍与运动场合二为一。在每栋牛舍中，用钢管分成若干小群，每群 6～8 头，每头牛占地面积 6～8 m²，地面一般采用垫料，垫料层厚 35～40 cm，常用木屑或碎草作为垫料（图 1-42）。

图 1 - 41　普通育肥牛舍

图 1 - 42　高档育肥牛舍

二、牛舍建筑结构

(一) 地基

地基要求土地坚实、干燥。一般情况下，开挖深度 80～100 cm，应挖到坚实致密的土层或岩层，再用坚硬的石块拌水泥砌好地基，高出地面 10～20 cm。地基与墙壁之间应用油毡设置防潮层。有天然地基的可因势利用天然地基。

(二) 墙体

牛舍墙体常采用砖混结构，寒冷地区可采用一砖半墙 (三七墙)，温暖地区采用一砖墙 (二四墙)。寒冷地区的牛舍还可采用空心墙，内充聚乙烯泡沫或珍珠岩等保温材料，以增加墙体的保温性能。墙体从地面算起，应抹 1 m 高的墙裙，以便冲洗、消毒。

(三) 屋顶

屋顶可分为双坡式屋顶和单坡式屋顶 (图 1 - 43、图 1 - 44)，双坡式屋顶应用最为普遍，适用于较大跨度的牛舍。双坡式牛舍脊高 3.2～3.5 m，前后墙高 2.3～2.5 m；单坡式牛舍前墙高 2～2.5 m，后墙高 1.8～2.2 m。北方寒冷地区应加强防寒保暖，可选择导热系数小的材料；南方炎热地区应加强防暑降温，可建设双层通风屋顶。

图 1 - 43　双坡式牛舍

图 1 - 44　单坡式牛舍

（四）屋檐

根据各地的气温来确定屋檐距地面的高度，屋檐太高，不利于保温；太低，不利于通风和光照。通常，屋檐距地面的高度为 2.8～3.2 m。北方地区可稍低些，南方地区可稍高些。

（五）门

通向料道的门：应根据饲养工艺来设计，如采用 TMR 饲喂车，门宽 3.6～4 m，高度根据饲喂车的高度来定；采用小型拖拉机喂料，门宽 2.4 m，高 2.4 m；采用人工拖斗车喂料，门宽 2.2～2.4 m，高 2.1～2.2 m。牛舍一般向外开门，不设门槛，最好做成推拉门。

通向粪道的门：宽 1.5～2 m，高 1.8～2 m。

通向运动场的门：宽 2～2.5 m，高 2～2.5 m，门的数量根据养殖规模确定，存栏 100 头牛的牛舍不少于 3 个。

（六）窗

窗户的设计主要考虑通风和采光。窗户面积的大小根据黄牛所需的采光系数来定，通常，窗户面积与牛舍地面面积之比为 1：（10～16）。封闭式牛舍窗高 1.5 m、宽 1.5 m，窗台距离地面 1.2～1.5 m。寒冷地区，南窗的数量高于北窗，一般为（2～4）：1。南窗规格可大些，窗高 1 m、宽 1.2 m；北窗高 0.8 m、宽 1 m。一般采用推拉窗或平开窗，也可用卷帘窗。

三、牛舍内部建筑

（一）地面

牛舍地面应高于舍外地面，一般用混凝土浇制，要求防滑性好，牛床和牛出入通道应设置防滑线（图 1-45、图 1-46）。

图 1-45　牛床地面　　　　　　　　图 1-46　通道地面

（二）牛床

牛床地面要求坚实、易清洁、保温和防滑。牛床往粪尿沟的坡度为1%～1.5%。常采用混凝土和砖地面，混凝土地面底层为素土夯实，中间层为30 cm厚的粗砂卵石垫层或三合土垫层，表层为10 cm厚的混凝土层（图1-47）；砖地面主要有平砖和立砖两种，底层为素土夯实，中间层为混凝土，表层铺砖（图1-48）。相对而言，混凝土地面结实，易冲洗，但保温及防滑性能没有砖地面好。另外还有木质牛床、塑料垫牛床、土质牛床等（表1-2）。

表1-2	牛床规格		单位：m
类别	成年牛	育成牛	犊牛
长	1.8～2.1	1.7～1.8	1.3～1.6
宽	1.0～1.4	0.8～1.0	0.6～0.8

图1-47　混凝土地面牛床

图1-48　砖地面牛床

（三）饲槽

饲槽要求坚固、光滑、便于洗刷，设在牛床的前面，分有槽帮饲槽和地面饲槽两种（图1-49、图1-50）。有槽帮饲槽上口宽60～75 cm，底宽40～50 cm，内缘高30～35 cm，外缘高50～60 cm；地面饲槽适于机械化操作，地面饲槽设置于饲喂通道一侧，靠近牛床一端，呈弧形，一般槽口宽40～50 cm，槽底深10～15 cm，槽底比牛床高20～30 cm。饲槽端部装置给水管和水阀，尾端装置带有栅栏的排水器。犊牛的有槽帮饲槽规格应小些，上口宽30～35 cm，底宽25～30 cm，内缘高15～20 cm，外缘高30～35 cm。

図 1 - 49　有帮饲槽　　　　　図 1 - 50　地面饲槽

（四）饮水槽

多数牛场舍内饲槽兼饮水槽（图 1 - 51），有条件的可在饲槽边安装自动饮水设备，离地高度 30～50 cm。饮水槽和饲槽最好分开，便于黄牛采食和饮水，可以节省饲养员的饲喂时间，不需等黄牛采食完后再来给水。运动场应设饮水槽，可按每头牛 20 cm 计算长度，槽深 40 cm，供水要求充足、新鲜、清洁（图 1 - 52、图 1 - 53）。

図 1 - 51　饮水槽和饲槽一体　　　図 1 - 52　运动场饮水槽

図 1 - 53　专用饮水槽

（五）拴牛架

拴系牛舍牛床前方设拴牛架，拴牛架要求牢固、光滑。拴牛可用活铁链或者麻绳，使牛头部活动自如，便于采食、休息（图 1 - 54、图 1 -

55)。拴牛架高度见表1-3。

表1-3 拴牛架高度 单位：cm

类别	成年牛	育成牛	犊牛
高度	135～145	130～140	100～120

图1-54 拴牛架（一）　　　　　　图1-55 拴牛架（二）

（六）隔栏

牛床隔栏一般有两种，一种是在牛床的两端设隔栏，牛与牛之间不设隔栏；另一种除了两端隔栏之外，牛与牛之间均设隔栏（图1-56、图1-57）。隔栏设在牛床前2/3处，高度为80～90 cm，由前向后倾斜，通常用钢管制成。

图1-56 隔栏（一）　　　　　　图1-57 隔栏（二）

（七）饲道

饲道位于饲槽前，以高出地面10 cm为宜。饲道分中央饲道和两侧饲道两种，双列式头对头式采用中间饲道，双列式尾对尾式采用两侧饲道，其中双列式头对头式最为常用（图1-58）。两侧饲道的宽度可比中间饲道小一些。而单列式牛舍只有一条饲道（图1-59）。饲道的宽度（不含饲槽）应根据饲养工艺来设计（表1-4）。

表 1-4	中间饲道宽度		单位：m
类别	TMR 饲喂车	小型拖拉机喂料	人工拖斗车喂料
宽度	2.8～3.6	2.0～2.2	1.4～1.6

图 1-58　双列式牛舍饲喂通道　　　图 1-59　单列式牛舍饲喂通道

（八）清粪通道

清粪通道的宽度应根据清粪工艺来设计，主要取决于运粪工具。一般情况下，其宽度为 0.8～1.2 m。大型牛场一般采用机械清粪，清粪通道的宽度应达到 2 m 以上。清粪通道路面最好有大于 1% 的坡度，并低于牛床，地面应抹制粗糙以防滑（图 1-60、图 1-61）。

图 1-60　大型牛场清粪通道　　　图 1-61　小型牛场清粪通道

（九）粪尿沟

粪尿沟应光滑不透水，深 10～20 cm，宽 25～30 cm，沟底坡度 1%～2%，尾端设铁篦子，以清除杂草和其他沉淀物。也可在粪尿沟上加盖水泥漏缝地板，粪尿通过缝隙漏入粪尿沟（图 1-62、图 1-63）。粪尿沟通向舍外污水池。

图 1-62 敞开式粪尿沟

图 1-63 加盖漏缝地板的粪尿沟

四、配套设施建设

(一) 消毒池与消毒室

在牛场大门进出口，特别是生产区与管理区之间、污道进出口等处，建设消毒池和消毒室。消毒池一般设在大门中间，顺路纵向建设，池宽 3～4 m，或与门同宽，池长 5～6 m，池深 20～25 cm，消毒池两端为斜坡，坡度 20%～25%（图 1-64、图 1-65）。

图 1-64 露天消毒池

图 1-65 加盖顶棚的消毒池

在进出口一侧设消毒室，面积 30～40 m²。消毒室内安装雾化消毒器，也可安装紫外线灯。地面铺设网状塑料垫、橡胶垫，用以消毒鞋底。设置 S 形不锈钢护栏（图 1-66、图 1-67）。

图 1-66 消毒室 S 形护栏

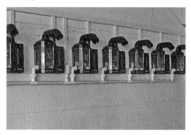
图 1-67 雾化消毒器

（二）运动场

运动场一般位于牛舍两侧，与牛舍相连。运动场设围栏，栏杆高1.2～1.5 m，栏柱间隔1.5～2 m，柱脚水泥包裹。地面以三合土或砖地面为好，向外有2%的坡度，利于排水（图1-68、图1-69）。三合土地面，即黄土、沙子、石灰的比例为5∶3∶2，这种地面软硬适度，吸热散热较好，不伤牛蹄；砖地面保温性能好，吸水性强，比较耐用，但易伤牛蹄。

图1-68　砖地面运动场　　　　　图1-69　三合土地面运动场

运动场设饮水槽，饮水槽宽40～60 cm，深40 cm，高不超过70 cm。槽周围铺设水泥地面以防泥泞。日照强烈地区应在运动场内设凉棚或植树，凉棚一般设在运动场中间，常为四面敞开的棚舍建筑。凉棚面积按每头牛3～5 m²为宜。小凉棚为单坡式，大凉棚为双坡式。脊高2.8～3.5 m。棚顶应隔热防雨，常采用石棉瓦、油毡材料（图1-70、图1-71）。

图1-70　运动场双坡式凉棚　　　　图1-71　运动场饮水槽

运动场可按照30～50头的小群体用围栏分隔成若干区域（图1-72、图1-73）。每头牛运动场占地面积见表1-5：

表 1 - 5		每头牛运动场占地面积		单位：m²
类别	成年牛	青年牛	育成牛	犊牛
面积	20～25	15～20	10～15	8～10

图 1‑72　运动场（一）

图 1‑73　运动场（二）

（三）青贮池

青贮池的规模可按每头牛 10～12 m³ 计算，若仅在冬季使用，可按 5～6 m³ 计算。青贮池可分为半地下式、地下式和地上式，前两种虽节省投资但不易排出雨水和渗出液。一般青贮池呈条形，三面为墙，一面敞开，池底稍有坡度，并设排水沟。青贮池高度一般为 2.5～3 m。宽度一般为 4～5 m，长度因贮量和地形而定（图 1‑74、图 1‑75）。

图 1‑74　地上式青贮池

图 1‑75　地下式青贮池

（四）干草库

干草库一般为开放式结构，必要时用帘布进行保护，也可三面设墙一面敞开（图 1‑76、图 1‑77）。其建设规模主要依据牛场的饲养数量和年采购次数决定。按照每捆干稻草 80 kg、每捆羊草 35 kg、每捆苜蓿 40 kg（小捆）以及垛高度 4 m 等指标来确定草棚的长、宽、高。

图 1-76　开放式干草库

图 1-77　一面敞开的干草库

（五）精料库和饲料加工室

饲料加工室距离牛舍 20～30 m，精料库应靠近饲料加工室（图 1-78、图 1-79）。精料库和饲料加工室檐口高不低于 3.6 m，挑檐 1.2～1.8 m，以方便装卸料。料库前设计 6.5～7.5 m 宽、坡度为 2% 的水泥路面，供料车进入。精料库正面开放，内设多个隔间，规模由精料种类确定，料库大小由牛存栏量、精料采食量和原料储备时间决定。设计时注意防潮防鼠。

图 1-78　饲料加工室

图 1-79　精料库

（六）配种室和产房

配种室应设在繁殖母牛舍 20～30 m 处，根据繁殖母牛规模配置液氮罐、烘箱、输精枪等器械。产房要求安静，可防寒防暑，距离繁殖母牛舍 30 m 以上（图 1-80、图 1-81）。每头犊牛占地面积 2 m²，每头母牛占地面积 8～10 m²，运动场面积 20～25 m²。可选用 3.6 m×3.6 m 产栏。地面铺设稻草类垫料，加强保温和提高牛只舒适度。

图 1-80 产房正面图

图 1-81 产房背面图

（七）兽医室和资料室

兽医室与资料室毗邻，应根据养殖规模配备诊疗设备。资料室配备技术管理人员和电脑硬件设备，主要负责生产报表的设计以及资料的收集、记录、整理和分析。

（八）保健设施

保健设施包括保定架、蹄浴池等，保定架是牛场用于固定牛只的设施，保定架用于人工授精、妊娠检查、疾病检查、修蹄等，可分为固定式和移动式两种类型（图 1-82、图 1-83）。蹄浴池是为预防蹄病而设的药浴池，设在牛进出的通道上，池长 2 m，深 15 cm，与通道等宽。

图 1-82 移动式保定架

图 1-83 固定式保定架

（九）隔离牛舍

隔离牛舍是对新购牛或病牛进行隔离观察、诊断、治疗的牛舍。设在牛舍下风向的地势较低处，与牛舍距离 200 m 以上。建筑与普通牛舍基本一致，通常采用拴系饲养。

（十）装卸牛台

装卸牛台用于装牛和卸牛，一般设在牛舍附近，其宽度为 1~1.2 m，出口高度与运牛车同高。最好连着调牛通道，便于赶牛，减少应激，提高劳动效率（图 1－84、图 1－85）。

图 1－84　小规模牛场装卸牛台　　　图 1－85　大规模牛场装卸牛台

五、牛场配套设备

(一) 饲料收获及加工设备

饲料收获及加工设备主要有牧草收割机、铡草机、揉搓机、TMR 搅拌车、小型饲料加工机组等，用于饲料原料的收割、揉切、粉碎、成形、混合等（图 1－86、图 1－87、图 1－88）。小型饲料加工机组主要由粉碎机、混合机和输送装置组成。

图 1－86　收获揉丝一体机　　　　　图 1－87　打捆机

图 1－88　小型饲料加工机组

（二）饲喂设备

饲喂设备主要有 TMR 饲喂车、小型拖拉机送料车、拖斗送料车等（图 1-89、图 1-90）。

图 1-89 TMR 饲喂车　　　　　　图 1-90 拖拉机送料车

（三）饮水设备

除了饮水槽外，黄牛的饮水设备主要是饮水碗，饮水碗主要用于拴系式饲养牛舍。一般每两头牛提供一个饮水碗，设在相邻卧栏的固定柱上，安装高度要高出牛床 70～75 cm。冬季寒冷地区应增设防寒保暖设施，以防水管和饮水器冻结（图 1-91、图 1-92）。

图 1-91 安装在饲槽边的饮水碗　　　图 1-92 安装在隔栏上的饮水碗

（四）通风及降温设备

牛舍通风设备有电动风机和电风扇，生产上用得比较多的是轴流式风机和吊扇，轴流式风机既可排风又可送风，而且风量大。降温设备多采用喷雾设备，通常在舍内每 6 m 安装 1 个喷头。用深水井作水源降温效果更好。

（五）称重设备

常用称重设备为电子衡，牛场电子衡分为两种类型，一是用于称重精粗饲料原料、活牛等大宗物资的电子衡器，一般30～50 t，安装位置主要在精粗饲料进出口和活牛出栏口位置；二是个体秤，主要用于活牛个体称重，一般设在牛舍生产区（图1-93、图1-94）。

图1-93　用于大宗物资称重的电子衡　　　图1-94　用于活牛称重的电子衡

（六）清粪设备

牛场宜采用干清粪方式，固体粪便用清粪车运到干粪棚进行发酵处理。尿液则通过粪尿沟、沉淀池流入主干管道，最后汇入污水池进一步处理（图1-95、图1-96）。

图1-95　清粪铲车　　　　　　　　　图1-96　运粪车

第五节　牛场绿化

牛场的绿化不仅能净化空气、减弱噪声、美化环境，而且还能防风沙、遮阳、降温、改善牛场小气候，同时也起到隔离作用，减少外界病原体的侵入。牛场绿化包括隔离林带、遮阳绿化、道路绿化、绿地等。绿化植物应选择适合当地生长的乡土树种或草种。

一、隔离林带

在场界周边、场内各区之间都应栽植隔离林带。常用乔木、灌木混合种植，乔木类有杨树、榆树、柳树、常绿针叶树等；灌木类主要有紫穗槐、侧柏等（图 1-97、图 1-98）。

图 1-97　场界周边隔离林带　　　　图 1-98　场区内隔离林带

二、遮阳绿化

遮阳绿化包括牛舍、运动场、办公楼等建筑物绿化，应种植树木，应选用树冠大、枝叶茂密、落叶阔叶乔木，夏季可大面积遮阴，冬季落叶后又不遮挡阳光，如法国梧桐、意杨、凤杨、红枫、朴树、皂角、国槐等。运动场也可采用藤架，种植爬墙藤生植物，如常春藤、紫藤、凌霄等（图 1-99、图 1-100）。

图 1-99　牛场遮阳绿化　　　　图 1-100　牛场运动场遮阴林

三、道路绿化

场内道路两旁可选择种植有季相变化的常绿树和开花灌木，如塔柏、冬青、罗汉松、小叶女贞、黄杨、沙地柏、玫瑰、杜鹃、月季、牡丹、迎春等（图1-101、图1-102）。

图1-101　道路绿化（一）　　　　图1-102　道路绿化（二）

四、绿地

场区空地应进行绿化，可种植一些节水、易生、易管理的花草。牛舍与牛舍之间有一定间距，除了种植树木进行遮阳之外，还可以栽花种草，进行绿化（图1-103、图1-104）。

图1-103　牛舍间种草　　　　图1-104　管理区绿化地

第二章　黄牛品种资源及杂交利用技术

第一节　黄牛的地理分布

我国幅员辽阔，生态类型多，且差异大，形成了许多独具特色的地方牛种，载入《中国畜禽遗传资源志》的地方黄牛品种有 53 个，水牛品种有 26 个，牦牛品种有 11 个。

我国养牛业中，黄牛数量最多，其地理分布与生态环境有着紧密的关系。我国东南季风湿润区黄牛数量占全国黄牛总数的 75% 左右，西北干旱区占 16% 左右，青藏高原区占 4% 左右。全国 75% 左右的黄牛分布在农区，10% 左右的黄牛分布在半农半牧区，15% 左右的黄牛分布在牧区。在农区，51% 的黄牛分布在淮河以北，49% 的黄牛分布在淮河以南；在牧区，40% 的黄牛分布在荒漠和半荒漠草场，42% 的黄牛分布在干旱草原和高寒草原草场，18% 的黄牛分布在高寒草甸草场。

在我国海拔 3500 m 以下适合黄牛生长，海拔 5000 m 以上黄牛难以生存。海拔 3500~4500 m 范围的黄牛数量占全国黄牛总数的 14% 左右。

第二节　黄牛的品种分类

根据我国的生态类型、牛种外貌体现的地域特征以及应用分子生物学、生化遗传学的研究成果，将我国地方黄牛品种分为北方型、中原型和南方型三大类。

一、北方黄牛

这一类型的黄牛体格中等，主要分布在我国华北、东北和西北地区。产区地处中温带，夏季温暖、冬季寒冷，冬季时间长。北方黄牛有延边牛、复州牛、蒙古牛、阿勒泰白头牛、哈萨克牛，还包括西藏南部地区的西藏牛。

(一) 延边牛

延边牛主产于吉林省延边朝鲜族自治州,主要分布于图们江流域和海兰江流域,黑龙江和辽宁部分地区也有分布。延边地处北半球中温带,属湿润季风气候,春季干旱多风,夏季温热多雨,秋季凉爽少雨,冬季漫长寒冷。年均气温 2 ℃~5 ℃,年降雨量 500~700 mm。

延边牛属于役肉兼用型品种,体质结实,结构匀称,骨骼健壮,肌肉发达,被毛呈黄色。初生重:公犊 24 kg,母犊 22 kg。成年体重:公牛 625 kg,母牛 425 kg。在较好饲养条件下,公牛屠宰率 54.4%,净肉率 47.6%。延边牛耐寒、耐粗饲、抗病能力强、役用性能强,牛皮质量优良,肉质好,独特肉质风味可与韩国的韩牛和日本的和牛相媲美。延边牛已入列《国家畜禽遗传资源保护名录》(图 2-1、图 2-2)。

图 2-1　延边牛公牛　　　　　　　图 2-2　延边牛母牛

(二) 蒙古牛

蒙古牛原产于蒙古高原地区,主要分布在内蒙古、新疆、黑龙江、吉林、辽宁、宁夏、甘肃、青海、河北、陕西等地。中心产区位于内蒙古呼伦贝尔市和乌兰察布市。主要产区内蒙古多为高原和山地,海拔800~1800 m。气候属中温带干旱、半干旱大陆性气候,具有寒冷、风大、少雨的气候特点。冬季漫长,大于 0 ℃日数 153~176 d。

蒙古牛属于役乳肉兼用型品种,毛色多为黑色或黄(红)色,其次为紫色或灰色。初生重:公犊 26.2 kg,母犊 24.7 kg。成年体重:公牛349.3 kg,母牛 291.1 kg。阉牛屠宰率 53.6%,净肉率 43.7%。泌乳期210 d,年泌乳量 415.6 kg。蒙古牛具有乳、肉、役多种用途,适应寒冷的气候和半荒漠草原放牧等生态条件,已入列《国家畜禽遗传资源保护名录》。

二、中原黄牛

这一类型的黄牛体格大，主要分布在我国中原、华北以及华南北部地区。产区地处南温带，气候条件温和，光照和温热条件适宜。中原黄牛包括秦川牛、陕县红牛、南阳牛、鲁西牛、晋南牛、冀南牛、早胜牛、平陆山地牛和渤海黑牛。

（一）秦川牛

秦川牛原产于陕西省关中地区，主要分布于渭南、宝鸡、咸阳等地。在我国青海、甘肃、四川等 21 个省市都有推广。主产区位于陕西省渭河流域平原，海拔 320～700 m，属大陆季风性半湿润气候，年均气温 8 ℃～16 ℃，年降雨量 340～1280 mm。

秦川牛属于役肉兼用型品种，体格高大，骨骼粗壮，肌肉丰满，毛色以紫红色和红色为主，也有黄色。初生重：公犊 26.7 kg，母犊 25.3 kg。成年体重：公牛 620.9 kg，母牛 416 kg。育肥公牛屠宰率 63.1%，净肉率 52.9%。泌乳期 210 d，年泌乳量 715.8 kg。秦川牛体格大，役力强，肉用性能良好，群体中有一定比例的个体肉用指数达到了国际化肉用型品种的范围，被誉为"国之瑰宝"，已入列《国家畜禽遗传资源保护名录》（图 2-3、图 2-4）。

图 2-3　秦川牛公牛　　　　　　　图 2-4　秦川牛母牛

（二）南阳牛

南阳牛主产于河南省南阳市的白河、唐河流域，在驻马店、平顶山、周口等周边地区也有分布。主产区多平原、少丘陵，海拔 100～300 m，属亚热带季风型大陆性气候，年均气温 15.5 ℃，年降雨量 700～1200 mm。

南阳牛属于役肉兼用型品种，体躯高大，肌肉发达，结构紧凑，皮薄毛细，体质结实。毛色有黄色、红色、草白色三种，以黄色居多。初生重：公犊 31.2 kg，母犊 28.6 kg。成年体重：公牛 647.9 kg，母牛 411.9 kg。育肥公牛屠宰率 55.6%，净肉率 46.6%。南阳牛具有肉质好、耐粗饲、适应性强等特点，已入列《国家畜禽遗传资源保护名录》（图 2-5、图 2-6）。

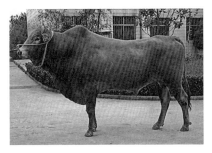
图 2-5　南阳牛公牛

图 2-6　南阳牛母牛

（三）鲁西牛

鲁西牛原产于山东省的济宁、菏泽两市，在德山、聊城、泰安等市也有分布。主产区属温带大陆性季风气候，年均气温 13 ℃，年降雨量 550～690 mm。

鲁西牛属于役肉兼用型品种，体躯高大，结构均匀，体质结实，肌肉发达，筋腱明显，皮薄肉细。被毛呈浅黄到棕红色，多数牛的眼圈、口轮、腹下和四肢内侧毛色浅淡。初生重：公犊 22～35 kg，母犊 18～30 kg。成年体重：公牛 644.4 kg，母牛 365.7 kg。育肥公、母牛平均屠宰率 57.2%，净肉率 49%。鲁西牛以肉质优良著称，肌纤维细，脂肪分布均匀，大理石花纹明显，已入列《国家畜禽遗传资源保护名录》（图 2-7、图 2-8）。

图 2-7　鲁西黄牛公牛

图 2-8　鲁西黄牛母牛

（四）晋南牛

晋南牛原产于山西省晋南地区，主要分布于运城、临汾两市。产区晋南盆地位于汾河下游，海拔167～2321.8 m，东部山区较湿润，其余为半干旱地区。属温带大陆性湿润季风气候，年均气温10 ℃～14 ℃，年降雨量500～650 mm。

晋南牛属于役肉兼用型品种，体躯高大结实，体形结构匀称，被毛呈枣红或红色。初生重：公犊26 kg，母犊24 kg。成年体重：公牛607.4 kg，母牛339.4 kg。24月龄公牛屠宰率55％～60％，净肉率45％～50％。晋南牛体形高大、肌肉发达、体躯发育较好，已入列《国家畜禽遗传资源保护名录》（图2-9、图2-10）。

图2-9　晋南牛公牛　　　　　　图2-10　晋南牛母牛

三、南方黄牛

这一类型的黄牛体格偏小，主要分布在我国华南、西南以及华东南部地区。产区地处亚热带和热带，气候炎热，降雨量大，相对湿度高。南方黄牛包括巫陵牛、枣北牛、舟山牛、峨边花牛、川南山地牛、三江牛、温岭高峰牛、皖南牛、大别山牛、太行牛、巴山牛、锦江牛、徐州牛、吉安牛、广丰牛、闽南牛、蒙山牛、台湾牛、黎平牛、涠洲牛、威宁牛、务川黑牛、南丹牛、甘孜藏牛、阿沛甲咂牛、雷琼牛、云南高峰牛、文山牛、关岭牛、凉山牛、隆林牛、邓川牛、迪庆牛、滇中牛、昭通牛、平武牛、日喀则驼峰牛、樟木牛、柴达木牛。

（一）巫陵牛

巫陵牛分布于湖南、湖北、贵州省交界地区，包括湖南的湘西黄牛、湖北的恩施牛和贵州的思南牛。产区境内多大峡谷，地势高低悬殊，地形复杂，有高山、中山、低山、丘陵之分。海拔800～1400 m，高的达2000 m以上，低的在100 m以下。产区境内地形复杂，地势高低不一，

形成了多种小气候，最高气温 42 ℃，最低气温－12 ℃。年降雨量
1200～1700 mm。

　　巫陵牛属于役肉兼用型品种，体质结实，身体略长，中躯结构紧凑。
全身毛色以黄色为多，栗色、黑色次之。初生重：公犊 15.48 kg，母犊
14.08 kg。成年体重：公牛 334.29 kg，母牛 240.24 kg。公牛屠宰率
50.1%，净肉率40.1%。巫陵牛具有行动灵活、善于爬山、耐劳、耐旱、
抗湿及耐粗放饲养管理等特性，但其体形小、产肉量低。巫陵牛已入列
《国家畜禽遗传资源保护名录》。今后，应通过杂交改良以增大体形、提
高产肉性能（图 2－11、图 2－12）。

　　　图 2－11　巫陵牛公牛　　　　　　　图 2－12　巫陵牛母牛

（二）川南山地牛

　　川南山地牛原产于四川盆地东南部边缘山区，包括荥经黄牛、叙永
黄牛和筠连黄牛。产区群山环绕，山势陡峭，沟壑纵横，山多且坡度大，
耕地少且单块面积小，耕作条件较差。海拔 320～2000 m。属亚热带季风
湿润气候，年均气温 13.5 ℃～17.5 ℃，年降雨量 1042～1250 mm，气候
温和，冬暖夏凉，雨量充沛。

　　川南山地牛属于小型役用型黄牛品种，体格较小，体躯紧凑结实，
被毛多为黄色和黑色。初生重公犊 17 kg，母犊 15 kg。成年体重公牛
372.4 kg，母牛 298.4 kg。育肥阉牛屠宰率 50%，净肉率 41.9%。川南
山地牛善爬坡、耐粗饲、适应性强、性情温驯，适应山区放牧条件，善
于爬坡和小块田耕作，但个体小、肉用性能差。今后，应通过杂交改良
以增大体形、提高泌乳性能和产肉性能。

（三）吉安牛

　　吉安牛主产于江西省吉安市，在湖南省茶陵、衡山等地也有分布。
产区多为山地，丘陵绵延，岗地起伏。属亚热带季风湿润气候，年均气

温 18.4 ℃，年降雨量 1519 mm，雨量充沛。境内河流众多，水源充足。

吉安牛属于役肉兼用型品种，体形较小，结构匀称，被毛以黑色和深黄色为主。初生重：公犊 13 kg，母犊 12 kg。成年体重：公牛 256 kg，母牛 234 kg。公牛屠宰率 51.12%，净肉率 40.04%。吉安牛适应性好，抗病力强，其皮质坚韧富有弹性，但体形偏小，肉用性能差。今后，应通过杂交改良以增大体形、提高产肉性能。

（四）滇中牛

滇中牛分布于云南，中心产区在楚雄、曲靖、大理、文山、思茅、昭通和临沧等地。主产区楚雄地处滇中横断山脉和云贵高原的过渡地带，山峦起伏，海拔高差大。大部分地区海拔 1700～2000 m，最高海拔 3657 m，最低海拔 556 m。属亚热带季风气候，年均气温 16.3 ℃，年降雨量 850 mm。低纬度高原气候特征明显，雨热同季，冬春干燥，干湿季分明。

滇中牛属于役肉兼用型品种，体形较小，体质结实，结构匀称。被毛有红、黑、红褐、淡黄等色。初生重：公犊 14.3 kg，母犊 12 kg。成年体重：公牛 244.3 kg，母牛 210 kg。屠宰率 52.9%，胴体净肉率 82.1%。滇中牛体小力大、耐劳、性情温驯、行动敏捷、善于爬坡，但体形小、肌肉欠发达、肉用特征不明显。今后，在产区仍需役用牛的条件下，应兼顾役用性能的同时，通过杂交改良以增大体形、提高产肉性能（图 2 - 13、图 2 - 14）。

 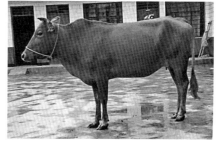

图 2 - 13　滇中牛公牛　　　　　图 2 - 14　滇中牛母牛

（注：图 2 - 13，图 2 - 14 摘自《中国畜禽遗传资源志·牛志》）

第三节　黄牛的杂交利用

一、杂交改良的目的

杂交改良的目的就是利用外来优良牛种的高产基因改变本地黄牛的低产基因，将外来品种体躯大、增重快、产肉和产奶性能好、饲料利用率高的优良特性与本地黄牛对当地自然条件适应性好、抗病力强、耐粗饲的优良特性结合起来，产生杂种优势，从而增大体形，提高生长速度，提高饲料报酬，提高出肉率，增加经济效益。

我国地方黄牛品种原多作役用牛，个体普遍偏小，产肉率不高，随着农业机械化程度的不断提高和人民膳食结构的不断改善，役用型牛需要改良成肉用型牛或肉奶兼用型牛，以满足市场的需要（图 2 - 15）。

图 2 - 15　同龄同养本地牛和杂交牛比较

二、我国引进的外来牛种

50 多年来，我国有计划地引进外来优良牛种，通过杂交繁育，提高地方黄牛的产肉性能。据统计，我国引进了 30 多个优良肉牛品种、兼用牛品种和乳用牛品种，其中载入《中国畜禽遗传资源志·牛志》的引入品种有 11 个，为西门塔尔牛、夏洛来牛、利木赞牛、安格斯牛、娟姗牛、婆罗门牛、德国黄牛、南德温牛、皮埃蒙特牛、短角牛、荷斯坦牛。下面介绍几个引入品种。

（一）西门塔尔牛

西门塔尔牛原产于瑞士西部的阿尔卑斯山区，为仅次于荷斯坦牛的世界第二大牛种。毛色多为红白花、黄白花。体躯长而深，肋骨开张，胸部宽深，骨骼粗壮，背腰长宽而平直，大腿肌肉丰满，臀部肌肉深而充实，尻部宽平。母牛乳房发育中等，泌乳力强。乳肉兼用型牛，体形稍紧凑，肉用品种体形粗壮。

在原产地，犊牛初生重：公牛 45～47 kg，母牛 42～44 kg。成年体重：公牛 1000～1300 kg，母牛 650～700 kg。公牛育肥后屠宰率 65%，净肉率 50% 以上。成年母牛年平均泌乳天数 285 d，年平均产奶量 4000 kg，高的达 8000 kg 以上。西门塔尔牛是世界上著名的乳肉兼用型品种，性情温顺，耐粗饲，适应性好。我国很多省份很早就引进西门塔尔牛杂交改良本地黄牛，杂交后代体形增大，泌乳量提高，生长速度加快，杂种优势明显（图 2-16、图 2-17）。

图 2-16　西门塔尔牛　　　图 2-17　西门塔尔牛改良巫陵牛的后代

（二）夏洛来牛

夏洛来牛原产于法国中部的夏洛来和涅夫勒地区。被毛白色或乳白色，皮肤常有色斑。体躯呈圆桶状，四肢强壮，骨骼结实。头较大而宽，颈粗短，胸宽深，肋骨方圆。全身肌肉丰满，后臀肌肉发达，向后面和侧面突出。

夏洛来牛初生重：公牛 45 kg，母牛 42 kg。成年体重：公牛 1100～1200 kg，母牛 700～800 kg。平均日增重公犊 1.2 kg，母犊 1.0 kg。屠宰率为 60%～70%，胴体瘦肉率为 80%～85%。母牛年平均产奶量 1700～1800 kg。夏洛来牛是举世闻名的大型肉用品种，耐寒，抗热，适应放牧饲养。用夏洛来牛杂交改良我国本地黄牛，杂交后代体格明显加大，增长速度加快，杂种优势明显（图 2-18、图 2-19）。

图 2 - 18　夏洛来牛　　　　图 2 - 19　夏洛来改良南阳牛的后代

（注：图 2 - 18 摘自《中国畜禽遗传资源志·牛志》）

（三）利木赞牛

利木赞牛原产于法国中部的利木赞高原。毛色为红色或黄色，口、鼻、眼周、四肢内侧及尾帚毛色较浅。体躯较长呈圆桶状，四肢强壮，骨骼细致。头较短小，额宽，胸宽而深，肋圆，背腰较短，尻平，前后肢、背腰及臀部肌肉丰满。

利木赞牛初生重：公牛 38.9 kg，母牛 36.6 kg。成年体重：公牛 950～1100 kg，母牛 600～900 kg。屠宰率为 63%～71%，胴体瘦肉率为 80%～85%。母牛年平均产奶量 1200 kg。利木赞牛为专门化的大型肉牛品种，瘦肉多，肉质好，生长补偿能力强。用利木赞牛杂交改良我国本地黄牛，杂交后代体形改善，生长强度增大，杂种优势明显（图 2 - 20、图 2 - 21）。

图 2 - 20　利木赞牛　　　　图 2 - 21　利木赞改良巫陵牛的后代

（四）安格斯牛

安格斯牛原产于英国苏格兰北部的阿拉丁和安格斯地区。被毛分黑色和红色两种，光泽性好。体形较小，体躯宽深呈圆桶状，体质紧凑、结实，四肢短。头小额宽，无角，颈中等长、较厚，垂皮明显。全身肌肉丰满，腰和尻部肌肉发达，大腿肌肉延伸到飞节。

安格斯牛平均初生重 25～32 kg。成年体重：公牛 700～900 kg，母牛 500～600 kg。屠宰率为 60%～65%。母牛平均产奶量 800 kg。安格斯牛属早熟中小型肉牛品种，牛肉嫩度和风味好，适应性好，抗病力强，繁殖能力强，饲料转化率高，泌乳性能好。用安格斯牛杂交改良我国本地黄牛，杂交后代初生重较低，易产性好，产肉性能和肉的品质都得到显著提高，杂种优势明显（图 2 - 22、图 2 - 23）。

图 2 - 22　安格斯牛　　　　图 2 - 23　安格斯改良巫陵牛的后代

三、山地黄牛杂交引入品种的选择

目前，我国的肉牛业生产还是以地方黄牛品种为主。我国地方黄牛品种众多，是根据各地自然条件和生产需要，经过长期的自然选择和人工选择形成的，具有许多优点，如：适应性强、利用年限长、性情温驯、肉质独特、骨骼细致、难产率较低等。我国地方黄牛一般属于小型品种，相比国外优良牛种来说，具有体形不大、生长速度慢、泌乳能力较差、后躯发育不良等缺点，很多地方引入国外优良牛种对本地黄牛进行杂交改良。在进行杂交改良选择引入品种时，应在充分考虑杂交优势利用的基础上，综合考虑生产目的、生态条件、气候环境、自然资源等因素。

（一）在需要耕牛的山区

可选择西门塔尔牛开展杂交改良，生产乳肉役兼用型黄牛，不再进行多元杂交。西门塔尔牛是乳肉兼用型品种，其役用性能也较好，杂交后代体形增大，泌乳性能提高，不仅能满足犊牛生长发育的需要，还能满足山区农户喝奶的要求（图 2 - 24、图 2 - 25）。

图 2－24　西门塔尔改良吉安牛的后代母牛　　图 2－25　高代次杂交牛接近原种牛体形

（二）在需要畜力拉车的山区

可选择中小型品种如安格斯或利木赞开展杂交改良，因为在需要畜力拉车的山区，交通不便，山路崎岖，机动车通行艰难，放牧时还需要良好的爬坡能力，在杂交品种的选择上，要以改良肉用性能为主，兼顾役用能力（图 2－26）。

（三）在山地草场资源丰富的山区

在山地草场资源丰富的山区，雨水充足，牧草丰盛，黄牛通过放牧就能满足需要。育肥时可实行放牧加补饲，后期集中育肥，或向农区提供育肥架子牛，因此，可选择西门塔尔牛、安格斯牛、利木赞牛等肉牛品种进行杂交（图 2－27）。

图 2－26　山区改良　　　　　图 2－27　山区引进的安格斯牛

（四）在南方炎热的地区

我国没有自己的热带肉牛品种。由于热带地区气候炎热，适合细菌、病毒、寄生虫的繁殖，特别是焦虫病等热带病对肉牛生长影响很大。在南方炎热地区，黄牛改良首先要考虑生存问题，然后才考虑生产性能，生存问题需要考虑的是耐湿热性能以及蜱和吸血类寄生虫的抵抗能力。生产上可选用婆罗门牛，或者有瘤牛血液的品种（如抗旱王牛、圣格罗迪等）来改良，可以避免热带地区的不良环境所产生的热应激以及梨形虫病等寄生虫病的危害。

云南省引进墨累灰牛（MM）和婆罗门牛（BB），与云南黄牛（YY）杂交，取得多个杂交组合，其中以婆墨云杂（BMY）表现最佳，具有婆罗门牛耐热抗蜱、墨累灰牛高繁殖率和云南黄牛适应性强的特点。BMY牛初生重：公牛 31.38 kg，母牛 29.54 kg；成年牛体重：公牛 700～900 kg，母牛 450～550 kg。使用婆罗门牛与本地牛杂交，杂交后代中婆罗门牛的血液含量不宜过高，以 1/2 为佳。如果婆罗门牛的血液含量太高，会降低杂交后代的繁殖性能，这是由于热带品种牛的排卵数和着床率比普通牛低所致（图 2-28）。

图 2-28　成年 BMY 牛

（五）在活牛交易便捷的浅山区

可以选择西门塔尔牛、夏洛来牛、利木赞牛等大型品种进行杂交，饲养一、二代杂交牛，作为架子牛异地育肥。因为西门塔尔牛、夏洛来牛、利木赞牛等大型品种牛具有早期生长快、育肥效率高、产肉性能好的优势，犊牛繁殖、架子牛饲养、集中育肥效益都很好。

（六）在与山区毗邻的农区

在与山区毗邻的农区，饲草饲料资源比较丰富，可选择西门塔尔牛、利木赞牛、夏洛来牛、安格斯牛来杂交。一代杂交宜采用西门塔尔牛和利木赞牛，西门塔尔牛体形大，泌乳性能好，可以提供需要继续进行多元杂交的母牛；利木赞牛毛色为红色或黄色，与我国大多数黄牛毛色相近，易于被群众所接受，其早期生长快，杂交效果显著。若要从事高档牛肉生产，应以胴体的脂肪沉积为主要目的，如生产极品大理石纹牛肉，可选择早熟性的品种如安格斯牛；如要求胴体重或出肉率或略带大理石纹的牛肉，可选择肉用大型品种如利木赞牛、夏洛来牛，同时要求母本为杂交母牛。

四、杂交方式

(一) 简单杂交

简单经济杂交也叫二元杂交，即 2 个品种之间杂交，所获得的杂交一代公牛全部作为肉用，而杂交一代母牛作为繁殖母牛。目前我国用得比较多的父本品种有西门塔尔牛、夏洛来牛和利木赞牛（图 2-29、图2-30）。

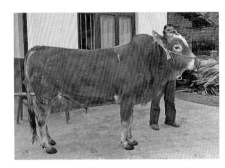 

图 2-29　西巫杂交公牛　　　　图 2-30　西巫杂交母牛

(二) "终端" 公牛杂交

"终端" 公牛杂交就是先用 2 个品种进行杂交，再用杂交一代母牛与第三个品种公牛第二次杂交，所获得的杂交二代无论公母全部作为商品牛，不再进一步杂交，停止在最终用第三个品种公牛的杂交。"终端" 公牛杂交能使品种优点相互补充而获得最高的生产性能。如湖南采用西门塔尔牛作为改良湘西黄牛的第一父本，以增大体形，提高泌乳及产肉性能，再用利木赞牛作为第二父本杂交，以稳定产肉性能，提高牛肉品质，效果显著（图 2-31、图 2-32）。

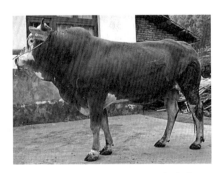 

图 2-31　利西巫三元杂交牛　　　　图 2-32　夏安巫三元杂交犊牛

（三）级进杂交

级进杂交就是用优良品种的公牛与被改良品种的母牛杂交，所生后代继续用改良品种的公牛交配，直到杂交后代的体形外貌、生产性能接近于改良品种的水平为止。级进杂交的代次要根据当地的饲养管理条件而定，饲养管理条件好，可以继续级进杂交，直到接近纯种为止。在进行级进杂交时，某些性能会随着杂交代次的增加而不断提高，但其耐粗饲、适应性等可能相应有所下降，因此级进杂交代次不宜过高，以杂交至3~4代，即含外血75%~85.5%为宜（图2-33、图2-34）。

图2-33　西门塔尔级进杂交巫陵牛后代　图2-34　西门塔尔级进杂交滇中牛后代

（四）轮回杂交

轮回杂交就是利用2个或2个以上品种的公母牛进行交替杂交，使逐代都能保持一定的杂种优势，从而获得生活力强和生产力高的牛群。例如本地黄牛与西门塔尔牛杂交，其产生的杂交一代母牛与利木赞牛杂交，其产生的杂交二代母牛再与西门塔尔牛杂交，并继续轮回。两品种轮回杂交可使犊牛活重提高15%，三品种轮回杂交则可提高19%。

（五）轮回-"终端"公牛杂交

轮回-"终端"公牛杂交，即在2个品种或3个品种轮回杂交后代母牛中保留45%的母牛用作轮回杂交，以供更新母牛之需。其余55%的母牛，选用生长快、肉质好的品种公牛（"终端"公牛）配种，所生后代全部育肥出售，以期取得较少饲料消耗、生长更多牛肉的效果。有研究表明，采用2个品种轮回的"终端"公牛杂交制，其所生犊牛平均体重可增加21%，采用3个品种轮回的"终端"公牛杂交制则可提高24%。

（六）育成杂交

育成杂交，一般是在级进杂交的基础上，当杂交后代表现的性状符合理想型时，就可选择其中理想型杂交公母进行横交固定，其余杂种个体可继续级进杂交，再根据后代的表现情况进行横交固定，或淘汰处理。我国的中国草原红牛、辽育白牛等就是采用这种方法育成的，中国草原红牛是引用乳肉兼用的短角牛与蒙古牛进行长期的杂交改良，级进至3代或3代以上进行横交固定，并经过长期选育而成；辽育白牛是引进夏洛来牛与辽宁本地黄牛进行杂交改良，级进杂交至第4代或4代以上进行横交固定，并经过长期选育而成（图2-35）。湖南省正在导入红安格斯牛，杂交选育湘西黄牛新品系（图2-36）。

图2-35　辽育白牛　　　　　图2-36　湘西黄牛杂交选育后代

五、我国自主培育品种

　　我国积极利用外来优良品种与地方品种杂交培育黄牛新品种，载入《中国畜禽遗传资源志·牛志》的培育品种有7个，为夏南牛、延黄牛、辽育白牛、中国西门塔尔牛、中国草原红牛、三河牛、新疆褐牛。下面简单介绍几个培育品种。

（一）夏南牛

　　夏南牛是以夏洛来牛为父本，以我国地方良种南阳牛为母本，经过导入杂交选育形成的品种，含夏洛来牛血液37.5%，南阳牛血液62.5%。2007年通过品种审定。

　　夏南牛毛色以浅黄、米黄色为主，肉用体形好，体躯长而宽，体质健壮，肌肉丰满，性情温顺，适应性强，耐粗饲，易育肥，耐寒冷，耐热性稍差。初生重：公牛38.52 kg，母牛37.9 kg。成年体重：公牛850 kg，母牛600 kg。未育肥公牛屠宰率为60.13%，净肉率为48.84%。

　　夏南牛耐粗饲，适应性强，生长速度快，易育肥，但耐热性较差，在黄淮流域及以北的农区、半农半牧区都能饲养（图2-37、图2-38、

图2-39）。

图2-37　夏南牛公牛

图2-38　夏南牛母牛

图2-39　夏南牛群体

（二）延黄牛

延黄牛是以利木赞牛为父本，以我国地方良种延边牛为母本，经过导入杂交选育形成的品种，含利木赞牛血液25％，延边牛血液75％。2008年通过品种审定。

延黄牛毛色为黄色或浅红色，体躯呈长方形，结构均匀，生长速度快，牛肉品质好，耐寒冷，耐粗饲，抗病力强。初生重：公牛30.8 kg，母牛28.6 kg。成年体重：公牛1056.6 kg，母牛625.5 kg。未育肥公牛屠宰率为58.6％，净肉率为48.5％。母牛年平均产奶量1000 kg。

延黄牛体质结实，耐寒，耐粗饲，抗逆性强，饲料报酬高，生长速度快，肉质好，适宜我国北部和东北部地区饲养。但母牛泌乳力偏低，有待选育提高（图2-40、图2-41）。

图 2 - 40　延黄牛公牛　　　　　　图 2 - 41　延黄牛母牛

（三）辽育白牛

辽育白牛是以夏洛来牛为父本，以辽宁本地黄牛为母本，经过高代杂交选育形成的品种，含夏洛来牛血液 93.75%，本地牛血液 6.25%。2009 年通过品种审定。

辽育白牛毛色为白色或草白色，体形大，体躯呈长方形，肌肉丰满，增重快，肉用性能好，性情温顺，耐粗饲，抗寒能力强。成年体重：公牛 910.5 kg，母牛 451.2 kg。育肥公牛屠宰率为 58%，净肉率为 48%。

辽育白牛是以高代夏洛来牛级进杂交牛群为基础培育的肉用牛新品种，具有较强的抗逆性，耐粗饲、易管理，特别适于东北、西北和华北地区饲养（图 2 - 42、图 2 - 43）。

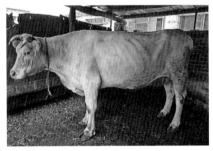

图 2 - 42　辽育白牛公牛　　　　　　图 2 - 43　辽育白牛母牛

（四）中国西门塔尔牛

中国西门塔尔牛是用西门塔尔牛与我国地方黄牛杂交选育形成的乳肉兼用型品种，分为平原、草原和山区三个类群。2002 年通过品种审定。

中国西门塔尔牛毛色为红（黄）白花，体躯宽深高大，体质结实，结构匀称，泌乳和产肉性能好，耐粗饲，抗病力强。初生重：公牛

41.6 kg，母牛 37.41 kg。成年体重：公牛 800～1200 kg，母牛 600 kg 左右。育肥阉牛屠宰率为 60.4％，净肉率为 50.01％。母牛年平均产奶量 4327.5 kg（图 2-44、图 2-45）。

中国西门塔尔牛肉用性能较好，肉质好，生长速度较快，产奶量高，适应性强，在亚热带到北方寒冷气候条件下都能表现良好的生产性能，尤其适合我国牧区、半农半牧区饲养。

图 2-44　中国西门塔尔牛公牛　　　图 2-45　中国西门塔尔牛母牛
（注：图 2-44、图 2-45 摘自《中国畜禽遗传资源志·牛志》）

（五）中国草原红牛

中国草原红牛是以短角牛为父本，以蒙古牛为母本，经过级进杂交选育形成的品种。1985 年通过品种审定。

中国草原红牛毛色为深红色或枣红色，体形中等，体质结实紧凑，结构匀称，胸宽深，全身肌肉丰满，乳房发育良好。性情温顺，适应性和抗病力强，育肥性能好，肉质优良，耐粗饲，耐寒冷。初生重：公牛 34 kg，母牛 31 kg。成年体重：公牛 850～1000 kg，母牛 485.5 kg。屠宰率为 56.96％，净肉率为 46.63％。母牛年平均产奶量 1400～2000 kg。

中国草原红牛性情温顺，适应性和抗病力强，育肥性能好，肉质细嫩，肉味独特，耐粗饲，耐寒，在放牧加适当补饲的条件下具有良好的产肉性能和产奶性能（图 2-46）。

图 2-46　中国草原红牛

六、杂交改良应注意的问题

（1）用大型品种公牛与本地母牛杂交，由于犊牛初生重明显增大而导致难产率增加，因此，不宜选配头胎母牛，应选用经产母牛，以免母牛初产时出现难产，造成伤亡。

（2）不宜用大型公牛与本地青年母牛尤其是小体形青年母牛本交，以免公牛体重大而给母牛造成伤害，因此在杂交改良时，尽量选用冻精冷配。

（3）选用外来优良品种进行杂交，应加强接产工作，特别是对第一次产杂交牛犊的本地母牛，更需要注意分娩时的助产工作。

（4）同一头改良品种公牛的冷冻精液不应在同一地区使用3年以上，以防近交衰退。因此，每个地区应制订符合生产目标的选配计划，并严格执行。

（5）饲养杂交牛时，应实行良种良法，科学饲养管理，保证牛只的营养需要，使其改良的获得性得以充分发挥，以免造成"初生像它爸，长大像它妈"的现象。

（6）杂种公牛不能作为种用，杂种公牛虽然生长快，但遗传性能不稳定，极易造成近亲繁殖，后代退化。

（7）选择配种用的本地育成母牛应当满18月龄，体重应当达到其成年体重的70%以上。

（8）应加强产后母牛的饲养管理，一般在产后50~90 d后进行配种。

（9）杂交改良的代次要适当，如本地品种的性能较好，引入的外品种程度应少些，反之引入的外品种程度应多些。饲料和气候条件好的地区，杂交代次可高些，反之杂交代次则低些。高代次的级进杂交会出现退化的现象，一般情况下，级进杂交到3~4代即可。

（10）三品种杂交可获得较高的杂种优势，无论采用何种杂交方式，都应注意保留可繁杂交母牛泌乳力高、适应性好的优良特性。

（11）山区山多平地少，大型品种肉牛不适合爬坡，应以培育中等体形肉牛为主。

（12）我国的黄牛品种多，分布广，普遍具有适应性好、抗病力强、耐粗饲等优点，有的还具有肉质鲜美、易形成大理石状花纹肉等优点，这些都是良好的基因库，因此，在开展杂交改良的同时，应加强保种和本品种选育工作。

第三章　黄牛繁殖高产技术

第一节　母牛的生殖生理

一、母牛的生殖器官

母牛的生殖器官包括内生殖器官和外生殖器官，内生殖器官由卵巢、输卵管、子宫和阴道组成，位于腹腔后部和骨盆腔部位；外生殖器官由尿生殖前庭、阴唇和阴蒂组成（图3-1）。

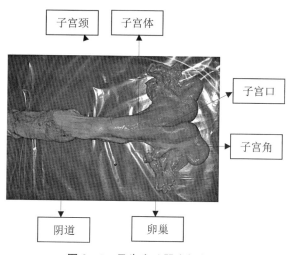

图 3-1　母牛生殖器官解剖图

（一）卵巢

卵巢呈椭圆形，附着在卵巢系膜上，左右各一个，位于骨盆腔前缘两侧，子宫角尖端上方。青年母牛的卵巢位于骨盆腔内耻骨前缘后方靠体壁近腰角位置，经产母牛的卵巢因子宫角垂入腹腔而随之移至耻骨前缘下方。卵巢组织分为髓质部和皮质部，髓质部分布很多血管、神经和平滑肌；皮质部内有发育程度不同的卵泡和排卵后形成的红体、黄体和白体。

（二）输卵管

输卵管位于子宫韧带外侧的输卵管系膜内，连接卵巢和子宫，长 15～30 cm。

（三）子宫

子宫位于腹腔与骨盆入口的地方，直肠下面，悬挂在子宫阔韧带上。子宫由子宫角、子宫体和子宫颈组成。子宫角与输卵管相连接，长 20～40 cm。两个子宫角汇合成为一段圆扁筒状的子宫体，长 3～4 cm。子宫体向后延续为子宫颈，长 5～10 cm，呈圆筒状，管壁较厚，质地较硬，呈螺旋状，黏膜形成纵褶，平时紧闭。子宫颈开口于阴道，称为子宫颈口，子宫颈口有明显的环状和辐射状黏膜皱褶。母牛不同的妊娠时期，子宫的位置有显著的变化。

（四）阴道

阴道位于骨盆腔内，直肠下面，长 20～30 cm。阴道前端连接子宫颈，后端与尿生殖前庭相接。前端扩大，形成穹隆（图 3-2）。

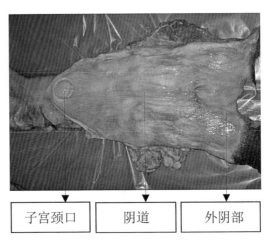

| 子宫颈口 | 阴道 | 外阴部 |

图 3-2　母牛阴道剖面图

（五）外生殖器

外生殖器包括尿生殖前庭和阴门（阴蒂和阴唇），尿生殖前庭长 10～12 cm，前连阴道，后连阴门。阴门由左右两片阴唇构成。阴蒂位于阴蒂窝内，与阴唇统称为外阴部。

二、母牛的性成熟与体成熟

(一) 性成熟

母犊发育到一定年龄，一般在 6～12 月龄，能初次发情和排卵，称为初情期。此时母牛发情周期还不正常，没有达到正常的繁殖能力。当母牛有完整的发情表现，可排出能受精的卵子，形成规律的发情周期，具备了繁殖能力，称为性成熟。性成熟的年龄因牛的种类、品种、性别、气候、营养以及个体间的差异而有不同，我国母黄牛的性成熟，一般为 8～14 月龄。南方黄牛比北方黄牛的性成熟早，营养充足的要比营养不良的黄牛性成熟早 4～6 个月。个体之间由于先天或疾病等原因，性成熟也可以推迟。

(二) 体成熟

体成熟是指母牛骨骼、肌肉和内脏器官已基本发育完成，已具备成年牛外形。体成熟要比性成熟晚得多。体成熟的年龄受品种、性别、气候、营养以及个体不同等因素的影响，我国母黄牛的体成熟年龄 2～3 年，营养好的黄牛生长发育快，体成熟也就早。

三、母牛的初配年龄

性成熟期比身体发育成熟期早，母牛达到性成熟的年龄并非配种适龄。合适的初配年龄，应根据品种、个体生长发育情况以及用途来确定。通常，母牛性成熟后，体重达到成年体重的 70% 以上即可配种。早熟品种母牛的初配年龄一般为 16～18 月龄，中熟品种 18～22 月龄，晚熟品种 22～24 月龄。初配年龄体重，小型品种 300～320 kg，中型品种 340～360 kg，大型品种 380～440 kg。如年龄达到而体重还不到，应推迟初配年龄，相反则可适当提前。

如果配种过早，将会影响母牛的生长发育以及生产性能的发挥。母牛发育不良造成分娩困难，甚至发生难产。所产犊牛初生重小，体质弱，抗病力差，不易饲养。如果配种过迟，母牛易过肥，受胎困难，还会增加饲养成本。

四、母牛的发情周期

发情周期是指从上一次发情开始到下一次发情开始的间隔时间。母牛的发情周期一般为 18～25 d，平均 21 d。发情周期可分为发情前期、发情期、发情后期和发情末期。

（一）发情前期

发情前期时间为 1~3 d。卵巢内的黄体逐渐消失，新的卵泡开始发育，雌激素分泌增加，生殖器官开始轻微充血，子宫颈口有少量分泌物出现，此时的母牛几乎没有发情表现。

（二）发情期

发情期是指母牛发情开始到发情结束的时期。成年母牛一般为 6~36 h，平均 18 h；青年母牛稍短，一般为 10~21 h，平均 15 h。发情期时间的长短受气候、营养、品种以及使役轻重等因素的影响。根据母牛发情表现又可将发情期分为发情初期、发情盛期和休情期。

1. 发情初期

卵泡迅速发育，雌激素分泌明显增多，母牛表现兴奋不安，经常哞叫，食欲减退，产乳量下降。阴唇肿胀，阴道壁黏膜潮红，黏液量不多、稀薄，子宫颈开张。从直肠触摸子宫，收缩增强，一侧卵巢增大。此时，母牛无性欲表现，不接受公牛爬跨。

2. 发情盛期

阴道黏液增多，稀薄透明，从阴门流出具有牵缕性的黏液（俗称"吊线"）。子宫颈口红润开张，卵巢增大，可触摸到突出卵巢表面的卵泡，直径约 1 cm，触之波动性差。此时，母牛性欲表现强烈，接受公牛爬跨和交配。

3. 发情末期

阴道黏液减少变稠，牵缕性差。卵巢变软，卵泡增大到 1 cm 以上，卵泡壁变薄，触摸时波动感明显，有一触即破之感。此时，母牛性欲逐渐减退，不再接受爬跨。

（三）发情后期

持续时间 3~4 d。触摸卵巢，卵泡已经排卵，卵巢质地变硬，并开始出现黄体，开始分泌孕酮，中枢神经兴奋降低。此时，母牛变得安静，不再接受爬跨。

（四）休情期

母牛发情结束后性欲停止，处于相对生理静止期，持续时间 12~15 d。精神状态恢复正常，黄体由逐渐发育转为逐渐萎缩，孕酮分泌量从逐渐增加转为逐渐下降。新的卵泡又开始发育，卵巢、子宫、阴道等生殖器官的生理状态从上一个发情周期过渡到下一个发情周期。

第二节 母牛的发情鉴定

为了及时发现发情的母牛，正确掌握授精的适宜时间，及时进行配种，提高母牛的受胎率，养殖户应当熟练掌握母牛发情鉴定的方法。

一、外部观察法

外部观察法是根据母牛发情外部表现来鉴别母牛发情的方法（表3-1、图3-3、图3-4）。

表3-1 外部观察发情鉴定表

发情周期	行为表现	外阴形态	阴道黏液
发情初期	兴奋不安，闻嗅并爬跨其他牛，但不接受爬跨	外阴轻度肿胀，黏膜充血	量少，稀薄，透明，黏性弱
发情中期	接受其他牛爬跨	外阴充血肿胀，皱纹减少	量多，半透明，黏性强
发情后期	不接受其他牛爬跨	外阴充血肿胀开始消退，皱纹增多	量少，浓稠，浑浊，黏性弱

图3-3 发情初期爬跨其他牛   图3-4 发情盛期接受其他牛爬跨

二、直肠把握法

直肠把握法是将手臂伸入母牛直肠内，隔着肠壁触摸卵泡，根据卵泡的发育程度来判断母牛的发情情况的方法。

检查时，将母牛保定好，检查者戴上长筒胶质手套并涂上润滑剂，若无手套，剪短指甲并磨光，手臂涂以润滑剂。将手指并拢成锥形，缓慢旋转伸入肛门，掏出宿粪。然后展开手指，掌心向下，轻轻按压并左右触摸，在骨盆底部可摸到前后长而圆、质地较硬的子宫颈，将其握住，并顺子宫颈往前推移，便可摸到子宫体和角间沟。然后沿着右侧子宫角大弯向下向外可摸到扁圆、柔软而又有弹性的卵巢，再用示指和中指夹住卵巢系膜，用拇指触摸卵巢和卵泡的大小、质地和形态。摸完右侧卵巢后，不要放开子宫角，将手沿着子宫角反方向移到子宫角交叉处，并以同样顺序触摸左侧卵巢和卵泡。操作时，动作要缓慢，母牛努责时不能强行进行，可待努责停止后再进行，以免损伤直肠黏膜。

当卵泡壁变薄，卵泡波动明显，有一触即破之感，即可输精，间隔10 h左右再输精一次（表3-2、图3-5）。

表 3-2　　　　　　　　　　　直肠把握发情鉴定表

卵泡发育阶段	卵巢和卵泡的变化
卵泡出现期	卵巢稍增大，卵泡部分突出卵巢表面，卵泡直径 0.5～0.75 cm。母牛开始发情。本期持续 6～10 h。
卵泡发育期	卵泡发育到 1～1.5 cm，突出卵巢表面，有弹性，波动明显。前半期母牛发情明显，后半期不明显。本期持续 10～12 h。
卵泡成熟期	卵泡不再增大，卵泡壁变薄，波动感明显，有一触即破之感。母牛发情表现减弱。本期持续 6～8 h。
排卵期	卵泡破裂排卵，泡液流出，泡壁松软，触之有凹陷之感。排卵6～8 h后，黄体生成，凹陷消失。

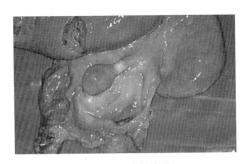

图 3-5　成熟卵泡

三、阴道检查法

阴道检查法是使用阴道开膣器观察阴道黏膜、分泌物和子宫颈口的变化，并以此判断母牛发情状况的方法。

检查母牛时，必须将母牛保定好，清洗、消毒外阴部，用开膣器打开阴道，借助手电或反光镜观察阴道黏膜、分泌物和子宫颈口的变化。检查时间不能太久，操作必须缓和，以防损伤阴道黏膜。发情时，阴道黏膜充血、肿胀、有光泽，排出大量黏液；发情初期黏液稀薄、透明，以后量逐渐增多，越接近排卵，黏液变为浓稠、半透明；发情末期黏液逐渐减少。

当黏液黏稠、黄色、块状，子宫外口稍紧闭，内口松软，输精器易插入时开始输精，间隔 10 h 左右再输精 1 次。

四、试情法

试情法是使用切断输精管或者切除阴茎的公牛混在牛群中，公牛会紧紧跟随或爬跨发情母牛，以此判断发情母牛及其发情状况的方法。如果公牛爬跨母牛，可以确定母牛发情。如果母牛站立不动，接受公牛爬跨，则是发情旺盛的表现，为适时配种时间。

如牛群数量较大，难以观察到发情母牛，可用混有染料的油脂涂在试情公牛的胸部，公牛爬跨时，油脂会黏在母牛背上，以此辨别发情母牛。也可将下颚球样打印装置用皮带牢牢戴在公牛颚部，当公牛爬跨发情母牛时，即将墨汁印在发情母牛的身上，从而查出发情母牛。

五、其他方法

（一）仿生法

通过模拟公牛的声音、气味来鉴定母牛是否发情。

（二）孕酮测定法

从母牛的血、尿、奶样测定孕酮含量，判断母牛是否发情。

（三）生殖道分泌物 pH 值测定法

利用母牛发情周期的不同阶段，其生殖道分泌物 pH 值变化来确定母牛是否发情。

第三节　人工授精技术

一、人工授精的优点

相对自然交配，人工授精优点甚多：一是扩大优秀公牛的使用范围，有利于杂交改良。一头公牛在自然交配时，一年只能配 20～40 头母牛，如采用人工授精，一年可配上万头母牛；二是公牛精液可以长期保存，不受时间、种牛寿命的限制，即使公牛死后还可以生产许多后代；三是减少甚至不养公牛，节省公牛饲养费用；四是克服公、母牛体格大小相差悬殊给自然交配带来的困难；五是避免公、母牛直接交配而产生的疾病，利于繁殖疾病的控制；六是便于适时输精，提高母牛的受胎率；七是便于判定公牛的繁殖力和执行选种选配计划。

二、人工授精的最佳时间

（一）确定最佳授精时间的依据

母牛发情结束后 12～15 h 排卵，卵子排出后，通过输卵管达到输卵管受精部位，与那里的体液混合，经历一个生理上的进一步成熟，才能受精。通常卵子只能维持 6～12 h 的受精能力。精子最初进入生殖道内不能立即与卵子结合，必须与母牛生殖道分泌物混合，经过形态和生理生化发生某些变化后，才能获得受精能力，这种现象称为精子获能。精子获能所需时间一般为 2～6 h。精子在母牛生殖道内可以存活 24～48 h。

（二）最佳授精时间的确定

根据排卵时间、精子与卵子的运行速度、精子与卵子在受精部位的相遇时间、精子与卵子在母牛生殖道内保持受精能力的时间进行推算，一般适宜的授精时间为排卵前 6～8 h，即发情开始后 15～24 h。为提高受胎率，每个发情期配种 2 次，间隔时间为 8～12 h。通常早上发情晚上配种，次日凌晨复配一次；晚上发情第二天早上配种，晚上复配一次。

在生产上，往往难以准确把握发情开始时间，但发情高潮期容易观察到，母牛发情高潮期出现后 6～8 h，母牛不再接受爬跨，变为安静，阴道黏液变稠，黏性强，用拇指和示指多拉几次不断，此时配种最佳。

青年母牛和年老母牛的发情持续时间和排卵时间有着明显差异，年老母牛的发情持续期较短，排卵较早，配种时间应适当提前。人们常说的"老配早，少配晚，不老不少配中间"就是这个道理。

三、冷冻精液的保存与提取

(一)冷冻精液的保存

1. 冷冻精液

冷冻精液保存在液氮罐中的液氮里，保存温度为−195.8℃。冷冻精液的保存方式通常为颗粒冻精和细管冻精，颗粒冻精是精液经过滴冻形成的，每粒约0.1 mL，没有任何包装。细管冻精是将精液分装在细管内，每支0.25 mL。细管冻精因剂量标准、标记鲜明、精液不易污染、冷冻效果好、解冻方便以及精子复苏率和受胎率高而被普遍使用（图3-6、图3-7）。

图3-6　细管冻精　　　　　　图3-7　冻精保存在液氮罐内

2. 液氮

液氮是以空气中的氮气为原料，由液氮机将氮气从空气中分离出来，冷却成液氮。液氮沸点低，为−195.8℃，这种超低温特性能抑制精子的代谢，实现精液长期保存的目的。

3. 液氮罐

液氮罐是贮存液氮的容器，是由机械强度高的铝合金制成的一种真空多层绝热容器。常用液氮罐的规格有3～100 L。另外，贮存液氮的设备还有贮氮罐、贮氮槽、贮氮车等，大型可贮数千升液氮（图3-8）。

图3-8　不同规格的液氮罐

4. 液氮罐使用的注意事项

（1）液氮罐应保存在凉爽、通风、干燥的室内，并明确专人保管和使用。

（2）液氮罐运输时，要轻拿轻放，严防碰撞，并固定好，以防翻倒。

（3）液氮罐使用时，应佩戴防护手套，以防液氮冻伤皮肤（图3-9）。

（4）冻精必须保存在液氮中，当液氮容量少于1/3时应及时添加液氮（图3-10）。

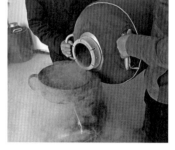

图3-9　操作时应戴防护手套　　　　图3-10　添加液氮

（5）液氮罐的盖子比较松弛，能使液氮放出，以免因密闭产生过大的压力而发生爆炸，因此液氮罐上严禁放置其他物品。

（6）注意液氮罐保养，除严防碰伤外，每年清洗和干燥1~2次，以免发生腐底的现象。

（二）冷冻精液的提取

提取冻精时，将提漏（或纱袋）往上提，置于罐颈下部，用长柄镊夹取细管冻精。提取冻精时，不要将提漏（或纱袋）提出罐口外，操作要迅速，时间越短越好，避免冻精长时间暴露在空气中，如果冻精出现炸裂声，放回时液氮气化明显，此时放回的冻精已受到严重损害，精子的活率大大降低，甚至全部死亡（图3-11、图3-12）。

图3-11　正确提取　　　　　　图3-12　错误提取

四、冷冻精液的解冻与装枪

（一）冷冻精液解冻

细管冻精常用手搓解冻和温水解冻，以温水解冻效果最佳。将冻精从液氮中取出，快速放入 40 ℃±2 ℃的温水中，10～15 s 后取出擦干即可。解冻后的精液温度不宜超过 5 ℃，如温度过高，而输精时气温较低，会使精液温度急剧下降，当输入母牛生殖道时，精液温度又上升到体温，这样造成精液温度反复变化，从而影响到精子存活时间，降低受胎率（图 3-13）。

图 3-13　细管冻精解冻

（二）冷冻精液装枪

用细管剪剪掉细管冻精的封口部，将输精推杆拉回 10 cm，再将细管棉塞端插入输精推杆深约 0.5 cm，套上外套管，即可输精（图 3-14、图 3-15）。

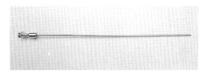

图 3-14　输精枪

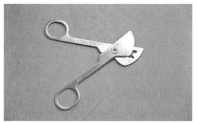

图 3-15　细管剪

五、输精方法

（一）直肠把握输精法

将母牛保定在配种架上，将尾巴拉向一侧。配种员戴上长筒胶质手套，涂上润滑剂如肥皂等，若无手套，剪短指甲并磨光，手臂涂以润滑剂。将手指并拢成锥形，缓慢旋转插入肛门，掏出宿粪。用清水将阴户洗干净，再用2%甲酚皂溶液或0.1%高锰酸钾溶液消毒并擦干。将手伸入直肠内，摸到并握住子宫颈。另一只手将输精枪从阴户斜向上插入5～10 cm，越过尿道口，平直插入子宫颈口5～6 cm或子宫体内，缓缓输入精液，完后缓慢抽出输精枪和手。

输精操作应小心谨慎，与母牛体躯摆动相配合，以免输精枪损伤阴道和子宫；如果母牛努责剧烈，应握住子宫颈，稍向前方推，以便输精枪插入；探索输精部位时，严禁将子宫颈后拉，如遇子宫下沉，可将子宫颈上提到输精枪水平，输精后再放下去；子宫颈深部、子宫体、子宫角等部位输精的受胎率并无差别，输精在子宫颈深处最安全、方便，可以避免子宫感染或损伤；输精后，输精器材应洗净并按规程消毒。

直肠把握输精法是目前最常用的输精方法，操作简单、安全、方便；输精部位准确，受胎率高；对母牛刺激小，处女母牛也可使用；输精前可以结合直肠检查卵泡发育情况，做到适时输精；输精前还可以检查母牛是否怀孕，防止误配而导致流产（图3-16）。

（二）开膣器输精法

将母牛保定在配种架上，洗净并擦干阴户，将消过毒并涂上润滑剂的开膣器插入阴道内，借助反光镜或手电筒找到子宫颈口，把输精枪插入子宫颈口1～2 cm，缓缓注入精液，完后缓慢抽出输精枪和开膣器。这种输精方法比较直观，能看到输精枪插入子宫颈口内的情况。但开膣器对阴道刺激大，造成母牛不适而扭动身体，影响输精；处女牛的阴道狭窄，阴道黏膜易被开膣器损伤；输精部位浅，精液易流出。因此生产上已很少使用（图3-17）。

图3-16 直肠把握输精　　　　图3-17 开膣器输精

第四节　母牛的妊娠诊断

精子和卵子结合形成受精卵，母牛随即进入妊娠状态。从受精卵开始到胎儿分娩的生理过程称为妊娠期。黄牛的妊娠期一般为 275～285 d，平均 280 d。妊娠诊断是提高牛群繁殖率、增强养殖效益的重要措施。尤其是早期妊娠诊断更为重要，可以减少母牛空怀，有针对性地加强母牛的饲养管理，及早治疗或淘汰屡配不孕的病牛。下面介绍几种常用的妊娠诊断方法。

一、外部观察法

主要是根据母牛外观症状来判断是否妊娠，通常要在配种 3 个月以后才有比较直观的表现。母牛配种后，到下一情期不再发情则可能受胎。母牛妊娠 3 个月后，性情变得安静、温顺，行动迟缓，食欲和饮水量增加，被毛逐渐变得光润，膘情逐渐变好。妊娠后期，腹围明显增大，右侧腹壁可发现胎动，乳房发育明显。这些外观症状在妊娠中后期才比较明显，故而外部观察法难以做到早期妊娠诊断。

二、阴道检查法

主要是根据阴道黏膜色泽、黏液、子宫颈的变化来判断母牛是否妊娠，在配种后 30 d 即可进行检查。母牛配种受孕 1 个月，阴道收紧，阴道黏膜干燥、苍白无光泽，黏液少而黏稠。2 个月后，子宫颈口附近有少量黏稠液体。3～4 个月后，子宫颈附近黏液增多、浓稠，呈灰黄色或灰白色，子宫颈紧闭，常被黏稠的黏液栓塞封住。6 个月后，黏液变稀薄、透明，常在阴门外发现黏液结痂。此法有一定参考价值，但不如直肠检查法准确（图 3 - 18、图 3 - 19）。

图 3 - 18　受孕初期阴户收紧

图 3 - 19　受孕 2 个月的阴道黏膜

三、直肠检查法

直肠检查法主要是根据卵巢、子宫、胎儿等的变化来判断母牛妊娠与否及妊娠时间，在配种后 30 d 即可进行检查，这是早期妊娠诊断常用而可靠的方法。检查者将手伸入母牛直肠，排出宿粪后，隔着肠壁触摸检查卵巢、子宫、胎儿。检查时，先在骨盆底部摸到子宫颈，再沿子宫颈向前触摸子宫角、卵巢，最后是子宫中动脉（图 3-20）。母牛妊娠前期生殖器官和胎儿变化情况见表 3-3，妊娠中后期外观特征已经比较明显。

图 3-20　早期妊娠诊断

表 3-3　　　　　　　　　母牛妊娠前期生殖器官和胎儿变化情况

器官	未妊娠	妊娠 1 个月	妊娠 2 个月	妊娠 3 个月
卵巢	位于骨盆腔耻骨前缘，有黄体且增大	位于骨盆腔耻骨前缘，妊娠侧有较大黄体	位于耻骨前缘下，妊娠侧有较大黄体	孕角卵巢移至耻骨前缘下，妊娠侧有较大黄体
子宫角	左右子宫角大小一致，子宫间沟清楚	左右子宫角不对称，孕角稍粗，质地松软，有波动感，角间沟清楚	孕角比空角粗 1 倍，孕角薄软，有波动感，角间沟不清楚	孕角比空角粗 3 倍，波感明显，角间沟消失
胎儿	无	摸不到	摸不到	有时可以摸到
子宫颈	骨盆腔内	骨盆腔内	骨盆腔内	耻骨前缘
子宫中动脉	麦秆粗，正常	正常	孕角比空角粗 1 倍	可感受到微弱妊娠脉搏

四、巩膜血管诊断法

在配种后 20 d 即可检查。将母牛保定，观察左眼、右眼巩膜时，需将牛头向同侧上方抬起，顺势露出巩膜和血管，再进行观察判断。严禁强扒眼皮，否则会造成眼球充血，影响判断，严重时还会损伤眼球。妊娠的母牛，在一侧或两侧眼球瞳孔正上方的巩膜表面，会出现 1~2 条呈直线的纵向血管，比正常血管粗，颜色深红，轮廓清晰，略凸起，这种现象可持续到分娩后 1 周。未妊娠的母牛，巩膜血管细而不明显。

五、超声波诊断法

超声波诊断是利用超声波的物理特性和不同组织结构的声学特性相结合的物理学诊断方法。常用的诊断仪器有两种：一种是用探头通过直肠探测母牛子宫动脉的妊娠脉搏，由信号显示装置发出的不同声音信号，来判断妊娠与否；另一种是用探头自阴道伸入，通过声音、符号、文字等形式显示。妊娠 30 d 可探测到子宫动脉反应，40 d 以上可探测到胎儿心音。

利用兽用 B 超进行妊娠诊断，一般在配种 24~35 d 进行检查，可检测到胎儿，确诊怀孕。B 超图像直观、真实可靠，妊娠诊断准确率很高。

第五节　分娩接产及难产控制技术

一、临产症状

随着临产期的接近，母牛在生理上会发生一些变化，根据这些变化，可以估计分娩时间，以便做好接产准备。

（一）乳房

乳房在产前 15 d 左右开始膨胀增大，临产前 1~2 d 极度膨胀，可以挤出白色初乳。

（二）阴唇

阴唇在分娩前 1 周开始肿胀、松软，一般可增大 2~3 倍，皱褶平展。阴唇下联合开始出现浅黄色近乎透明的黏稠黏液。分娩前 1~2 d，黏液变稀而透明，从阴户流出。

（三）骨盆

骨盆韧带从分娩前1～2周开始软化、松弛，臀部有塌陷现象。分娩前1 d，骨盆韧带充分软化，尾根两侧明显塌陷。初产母牛变化不明显。

（四）子宫颈

子宫颈在分娩前1～2 d开始松弛、肿胀，颈口开始扩张，黏液软化，流入阴道，有时吊在阴门之外，呈半透明状。

（五）体温

母牛体温在妊娠7个月时开始上升，可达39 ℃。产前12 h左右，下降0.4 ℃～0.8 ℃。

（六）精神状态

母牛表现不安、烦躁，食欲减退或废食。母牛开始发生阵缩，起立不安，频频排粪尿，并不时扭头回顾腹部，表明就要分娩。

二、胎儿状况

临产前胎儿状况主要包括胎向、胎位、胎势，这是决定正常分娩的关键。

（一）胎向

表示胎儿的方向，以胎儿脊柱和母体脊柱的关系确定。纵向是胎儿脊柱与母体脊柱平行，胎儿的头部与母体的头部同向或者反向，属于正常胎向；横向是胎儿脊柱与母体脊柱呈水平垂直，背部或腹部向着产道，属于不正常胎向；竖向是胎儿脊柱与母体脊柱呈上下垂直，胎儿的头部向上或向下，背部或腹部向着产道，属于不正常胎向。

（二）胎位

表示胎儿在母体内的位置关系，以胎儿背部与母体背部的关系确定。上位是胎儿的背部向着母体的荐骨，属于正常胎位；下位是胎儿的背部向着母体的下腹部，属于不正常胎位；侧位是胎儿的背部向着母体一侧的腹部，向左腹是左侧位，向右腹是右侧位。

（三）胎势

表示胎儿的姿势，分为伸展或弯曲的姿势。

三、分娩的过程

（一）开口期

时长1～12 h，平均8 h。子宫肌开始阵缩，将胎儿推向子宫颈，迫使子宫颈完全张开，允许胎儿进入并通过产道。

（二）胎儿产出期

时长 1～4 h。此时子宫肌阵缩更加频繁有力，胸肌和腹肌也发生强烈收缩，使腹压显著升高，将胎儿推向产道并排出。

（三）胎衣排出期

时长 4～6 h，最长 12 h。胎儿产出后，间歇片刻，子宫肌重新收缩，但收缩频率减小，力量减弱，同时伴有努责，直至将胎衣排出。

四、产前准备

（一）产房准备

产房应宽敞、干燥、安静、采光充足、防寒保暖和通风良好。产房使用前应进行清扫、消毒，铺上干燥、清洁、柔软的垫草。母牛在临产前 1 周进入产房，注意观察分娩预兆，随时准备接产。

（二）接产物资准备

产房内应事先备好产科绳、剪刀、镊子、手术刀、注射器、结扎线等器械和物品；备好药棉、纱布、脸盆、毛巾、肥皂、手电筒、刷子、工作服等用具，备好催产素、乙醇、消炎粉、高锰酸钾溶液、甲酚皂溶液、润滑剂以及一些急救药品。接产前准备好温水。

（三）接产人员准备

产房要明确专人负责。母牛进入产房后，白天、夜间都要进行值班看护。接产时，接产人员要身着工作服，指甲要剪短磨光，手臂要进行彻底消毒。

五、接产方法

（一）牛体清洁和消毒

当发现母牛即将分娩，将其外阴部、肛门、尾根以及臀部周围用温水、肥皂洗净擦干，再用 0.1%～0.2% 高锰酸钾溶液或 1%～2% 的甲酚皂溶液消毒外阴部。

（二）自然产出

当羊膜囊从阴户露出后 10～20 min，母牛多卧下，接产人员要使其向左侧卧，以免胎儿受瘤胃压迫而难以产出。随着羊膜囊内液的增多，加之母牛的努责，羊膜会自行破裂并流出羊水。随着母牛努责加剧，胎儿逐渐被推出产道，如果是正生，两前肢先露出，然后是头、躯干和后肢；如果是倒生，两后肢先露出，然后是躯干、头和前肢。正常分娩时，一般不需助产，胎儿可自然产出，接产人员只需仔细看护，待分娩完成后，对犊牛进行护理即可。

（三）助产

当胎儿头部和前肢露出阴门，羊膜仍未破裂时，应立即撕破羊膜，便于胎儿呼吸，同时接住羊水，待产后喂给母牛，利于胎衣排出。当羊水流出，胎儿仍未产出，母牛阵缩及努责又减弱时，可用消过毒的产科绳系住胎儿两前肢，将消过毒的手伸入阴道，握住胎儿下颌，随着母牛努责，顺着骨盆产道方向左右交替用力，慢慢拉出胎儿。当胎儿头部经过阴门时，用双手按压阴唇和会阴部，以防撑破。当胎儿拉出后，要放慢拉出速度，以防引起子宫内翻或脱出。当胎儿腹部通过阴门时，用手护住脐带根部，以防脐带断在脐孔内。遇到倒生胎儿，当两腿产出后，应迅速拉出胎儿，防止产道内胎儿脐带被骨盆压迫而造成胎儿窒息死亡。

六、难产控制

由难产导致的犊牛死亡率很高，往往是其他原因所导致的死亡率的 2 倍。因此，助产者要密切关注母牛分娩过程，在第一次阵缩后 1 h 仍未产仔，需要进行人工助产。

（一）难产种类

1. 产力性难产

由母牛阵缩和努责无力、破水过早以及子宫疝气等引起的难产。

2. 产道性难产

由子宫扭转、子宫颈狭窄、阴道及阴门狭窄、子宫肿瘤等引起的难产。

3. 胎儿性难产

由于胎儿过大以及胎向、胎位、胎势不正等引起的难产。在母牛难产中，以胎儿性难产居多，在用大型肉牛品种与本地母牛杂交时，由于犊牛初生重大幅提高，难产现象较为严重。

（二）难产的临床检查

1. 产道检查

主要是检查有无子宫扭转、子宫颈狭窄、阴道及阴门狭窄、子宫肿瘤等，还要检查产道是否干燥、有无损伤和水肿、黏液的颜色和气味是否正常等。

2. 胎儿检查

检查胎儿的死活以及胎儿的胎向、胎位、胎势是否正常，以确定助产方式和方法。

（1）检查胎儿的死活：正生时，将手指伸入胎儿口腔轻拉舌头，或轻压眼球，或轻拉前肢，注意有无生理反应，如口舌有吸吮、眼球转动、前肢伸缩表示胎儿还活着；倒生时，将手伸入肛门，或轻拉后肢，注意有无生理反应，如肛门收缩、后肢伸缩，表明胎儿活着。

（2）检查胎儿的胎向、胎位、胎势：将洗净消毒过的手伸入产道，隔着胎膜触摸胎儿，判断胎儿的胎向、胎位、胎势，如出现异常，将胎儿推回子宫进行矫正。

（三）难产的处理

1. 阵缩及努责无力

使用一般的助产技术即可，用产科绳系住胎儿两前肢，并握住胎儿下颌，伴随母牛努责，缓慢拉出胎儿。

2. 胎儿偏大

先在产道内注入润滑剂，再依次牵拉前肢，以缩小胎儿肩部横径，配合母牛阵缩和努责，缓慢拉出胎儿。

3. 头颈侧弯

将产科绳缚在两前肢腕关节上，再将胎儿推回子宫，然后将绳套缚住下颌部或以手握住胎儿头部，拉直头颈。

4. 头颈下弯

将手掌平伸到骨盆底部，握住胎儿唇端，再将胎儿头部推入子宫，必要时套以产科绳或产科钩，将胎儿头部向前拉直。

5. 头后仰

将胎儿推入子宫，用产科绳缚在下颌部拉直胎儿头部。

6. 前肢腕关节屈曲

先将胎儿推回子宫，用手握住腕部并向上抬起，沿腕部下移握住蹄部，在阵缩间歇时将前肢完全拉直而引入骨盆。

7. 后肢跗关节屈曲

先将胎儿推回子宫，用手握住跗关节将后肢向上抬起，再握住胎儿蹄部向后拉，使后肢向后伸直，将胎儿矫正成倒生姿势。

8. 肩部前置

将手伸入产道，握住腕关节或以产科绳前拉，使肘关节和腕关节屈曲，再以腕关节屈曲姿势方法矫正。

9. 臀部前置

先将胎儿推回子宫，然后用手握住跗关节向后牵拉成跗关节屈曲，再以后肢跗关节屈曲姿势方法矫正。

10. 下位和侧位

将胎儿推入腹腔，用手握住胎儿的肩部或股部，将胎儿沿纵轴旋转成上位。

11. 横向

先抬高母牛的臀部，用产科链抵住胎儿的臀端或肩胸部，将另一端向子宫颈外口方向牵拉，把胎儿方向矫正为纵向的正生或倒生。同时出现其他异常胎势，也一并矫正。

12. 双胎

先将两个胎儿的身体各部分区别开来，再用产科绳套缚住前肢或上面的胎儿向前拉，并将另一胎儿推回子宫，再依次拉出胎儿。

13. 产道过窄

如果胎儿过大，产道相对过窄，在进行助产的情况下，仍然难以产出，应果断、及时进行剖腹产，确保母子平安。

（四）难产的预防

难产极易引起犊牛死亡，还会使母牛产道及子宫受到感染，严重时还会危及母牛生命，因此，在饲养管理上要积极预防难产。切忌过早给未达体成熟的母牛配种；用大型品种公牛与本地母牛杂交时，应选用经产母牛；如本地黄牛体形太小，选用中小型品种公牛进行改良；母牛妊娠期间，给予完善的营养，保证胎儿的生长和母牛的健康；对怀孕母牛可安排适当的运动，进行轻度使役；母牛临产前分娩正常与否要尽早做出诊断，以便有针对性地采取措施。

第六节　产后护理

一、产后母牛的护理

（一）胎衣的检查与处理

胎衣排出后，要及时检查胎衣是否完整，以免部分滞留。排出的胎衣要及时拿走，以防母牛吞食。胎儿产出后，如夏季超过 12 h、冬季超过 24 h 胎衣仍未排出，应进行手术剥离。

(二) 牛体清洁和消毒

母牛分娩后，及时驱使母牛站起，更换被污染的垫草，用 0.1% 的高锰酸钾溶液或 1%～2% 甲酚皂溶液清洗消毒母牛外阴部，以后 1 周内每天清洗消毒 1～2 次，防止生殖器官感染。

(三) 体力恢复

母牛在分娩过程中，体力消耗很大，身体虚弱，应让母牛休息 20 min 左右，之后饲喂温热的麸皮盐水汤，即用 1.5～2 kg 麸皮和 100～150 g 盐加 2.5～3 kg 水调制而成，尽快恢复体力。一周内，每天应饲喂麸皮盐水汤 20 kg 左右。

(四) 恶露的观察与处理

恶露为产后母牛排出的胎水、血液、子宫分泌物等。产后第一天恶露呈血样，之后逐渐变成淡黄色，最后变成无色透明黏液，直至停止排出。母牛恶露多在 10～15 d 排完，若恶露呈灰褐色，并伴有恶臭，并且持续 20 d 以上，说明有炎症，需要及时诊治。

(五) 乳房护理

产后哺乳前用温水洗涤乳房，并帮助犊牛吮乳，尤其要防止乳房炎的发生（图 3-21）。

图 3-21 哺乳前用温水将乳房擦洗干净　　图 3-22 圈舍应勤换垫草

(六) 饲喂管理

产后喂给母牛羊水，利于胎衣排出。在母牛产后 2d 内，应给母牛饮用温水，饲喂质量好、易消化的饲料，量不要太多，以免引起消化道疾病和乳腺疾病。一周即可恢复正常饲养。

(七) 运动和使役管理

胎衣排出后，给母牛适当运动，运动不能剧烈，外出运动时要尽量避开恶劣天气。役牛可在产后 15 d 后轻度使役，一个月可恢复正常使役。

（八）环境控制

保持圈舍清洁，勤换垫草，做好防寒保暖和防暑降温，并防止贼风（图3-22）。

二、新生犊牛的护理

（一）清除口鼻黏液

犊牛产出后，立即用干净毛巾擦干口鼻外部黏液，用手取出口鼻内部黏液，便于犊牛正常呼吸。当犊牛已吸入黏液而造成呼吸困难时，用手握住后肢倒挂起来，并拍打其胸部，使之吐出黏液，并擦干。也可用胶管插入鼻孔或气管用注射器吸出。如果发生假死（不呼吸，但心脏仍然跳动），应立即将犊牛后肢拎起，倒出咽喉部羊水，做人工呼吸，将犊牛仰卧，牛体前高后低，握住前肢，反复前后伸屈，并用手拍打胸部两侧，促使犊牛迅速恢复呼吸。

（二）清除牛身黏液

母牛产犊后会有舐犊的习性，如天气暖和，任其舐净犊牛身上的黏液，还可将麸皮擦在犊牛身上，更易于母牛舐净黏液；如天气寒冷，则应尽快用抹布擦干犊牛身上的黏液，以防犊牛受凉感冒（图3-23）。

图3-23　让母牛舐净犊牛身上的黏液

（三）断脐带

犊牛产出后，脐带多会自然扯断，如果没扯断，可在距离犊牛腹部8～10 cm处用手拉断，也可用消毒过的剪刀剪断，挤出脐带中的黏液，并用5%的碘酒消毒，一般不需结扎，产后1个月左右便自然脱落。若脐带感染，出血脓肿，严重时引起脓性败血症而死亡（图3-24）。

图 3-24　断脐后应消毒　　　图 3-25　剥离软蹄

（四）去软蹄

用手剥离犊牛的软蹄，使其容易站立（图 3-25）。

（五）喂初乳

初乳是母牛产后 3 d 内所分泌的乳汁，色深黄而黏稠，比常奶营养更为丰富和全面。初乳中含有大量的抗体，可以增强机体的抵抗力。犊牛出生后 1 h 内应引导其找到奶头，吃到初乳。初乳中还含有丰富的维生素 A 和胡萝卜素，能够促进犊牛的生长发育。

第一次初乳喂量不低于 1 kg，日喂量不少于 3 次，可喂到体重的 1/6。哺喂的初乳，温度不能低于 35 ℃，也不能高于 41 ℃。如果母牛产后患病或死亡，可饲喂同期分娩母牛的初乳，或者进行代哺；如果没有同期分娩的母牛，可用常乳加 20 mL 鱼肝油、50 mL 泻油和 250 mg 土霉素充分混合，连喂 5 d，以后土霉素喂量可降至每天 125 mg（图 3-26）。

（六）防止感冒

冬季及早春应特别注意新生牛犊的保温，因新生牛犊体温调节中枢尚未发育完全，调温功能也很差。生产上，可在产房垫上干净的稻草，安装取暖灯，还要防止贼风（图 3-27）。

图 3-26　犊牛应尽早吃到初乳　　　图 3-27　新生犊牛应注重保温

第七节　母牛的发情控制技术

一、同期发情技术

同期发情又称同步发情，是采用激素类药物，改变母牛自然发情的规律，使群体母牛在规定的时间内集中统一发情，并排出正常卵子，达到配种、受精、妊娠的目的。

(一) 同期发情的意义

同期发情可使群体母牛集中发情，有计划地安排配种，有利于人工授精；可使群体母牛的配种、妊娠、分娩的时间相对集中，有利于合理有效地组织生产和管理；可免去繁琐的发情检查，节省时间和劳力；可使静止发情母牛和哺乳母牛恢复发情，缩短产犊间隔，提高群体繁殖率；还是胚胎移植不可或缺的过程，胚胎移植要求供体和受体之间同时发情，使生殖器官处于相同的生理状态，才能进行胚胎移植。

(二) 同期发情的生理机制

母牛卵巢的结构和功能交替出现于卵泡期和黄体期两个阶段，这两个阶段的更替和反复构成了母牛发情周期的循环。黄体期的结束就是卵泡期到来的前提条件，黄体退化继而引起孕激素水平下降，卵泡开始迅速生长发育，成熟后排卵。而黄体期内，黄体分泌孕激素，抑制发情和排卵。

基于以上原理，同期发情的关键就是利用激素类药物控制黄体期的长短，将母牛的发情时间调整到相同阶段。那么，同期发情就有两种途径，一种是延长黄体期，给群体母牛施用孕激素，以此抑制卵泡的生长发育和发情，使之处于人为黄体期，经过一定时期后停药，使卵巢功能同时恢复正常，引起发情。另一种途径是应用前列腺素中断黄体期，使黄体退化，卵泡发育，导致母牛发情。

(三) 同期发情的方法

1. 孕激素药物处理法

(1) 口服法。每日将一定量的孕激素均匀地拌在饲料中，连续饲喂 12～14 d，同时停药，最后一天肌注孕马血清促性腺激素 1000～1200 IU。这种方法用药量大，每头母牛的用量很难准确控制，而且放牧牛群不便使用，因此，这种方法目前已经很少使用。

（2）阴道栓塞法。用切成软泡沫塑料块（直径 10 cm、厚度 2 cm）拴上细线，经消毒灭菌和干燥后，浸吸一定量溶于植物油中的孕激素，再用长柄钳置于母牛子宫颈口，将线的一端引出阴门外，便于拉出。一般放置 9～12 d，软泡沫塑料块里的药液不断被阴道黏膜吸收，最后一天肌注孕马血清促性腺激素 800～1000 IU。用药后 2～4 d 多数母牛发情。另外，还可用阴道硅胶环或阴道栓，固定在阴道里，孕激素缓慢渗出，被阴道黏膜吸收。

（3）皮下埋植法。将一定量的孕激素药物（如 20 mg 18-甲基炔诺酮）装入带有很多小孔的塑料细管或带有微孔的硅胶管中，再用埋植器将管埋入耳背皮下，经过 7～12 d 取出。取出后 2～4 d 发情。埋植时皮下注射雌二醇 3～5 IU，取管时肌注孕马血清促性腺激素 1000 IU。

2. 前列腺素 F_{2a} 法

用前列腺素 F_{2a} 及其类似物注入子宫或肌内注射，因为前列腺素只对功能性黄体有溶解作用，对发情 4～5 d 内的新生黄体没有作用，所以要间隔 10～12 d 再做一次处理，此时母牛都处于黄体期，处理后 3～5 d 多数母牛发情。

使用前列腺素 F_{2a} 法，务必做好母牛妊娠检查，确认为空怀母牛才能进行处理，由于前列腺素有溶黄体的作用，如果处理已经怀孕的母牛会导致流产。

3. 孕激素与前列腺素结合处理法

先用孕激素处理 9～10 d，结束前 1～2 d 注射前列腺素。孕激素与前列腺素结合处理法比单独使用孕激素和前列腺素的效果要好。

（四）同期发情的输精时间

药物处理结束后，要密切观察母牛群体发情表现，如果发情时间集中，可以不做发情检查就给母牛输精。使用孕激素药物处理时，在停药后 48 h 和 72 h 各输精 1 次；使用前列腺素处理时，在停药后 70～72 h 和 90～96 h 各输精 1 次。

二、诱导发情技术

诱导发情是指在母牛乏情期（如非配种季节和泌乳期），借助外源激素或其他方法引起母牛正常发情，以缩短母牛的繁殖周期，增加胎次，提高繁殖率。

（一）孕激素处理法

同孕激素同期发情处理方法一样，有口服法、阴道栓塞法和皮下埋植法，生产上用得比较多且效果比较好的是后两种。

（二）孕马血清促性腺激素处理法

先检查并确认乏情母牛卵巢上黄体存在，再用孕马血清促性腺激素进行肌内注射，用量为每千克体重 750～1500 IU，可促进卵泡的发育和发情。如果 10 d 内仍未有发情表现，进行第 2 次注射，剂量应稍增大。

（三）促性腺激素释放激素处理法

主要利用促性腺激素释放激素的合成类物质，如促排卵素 2 号和促排卵素 3 号，进行肌内注射，使用剂量为 50～100 μg。

第八节　母牛的繁殖障碍

一、乏情

乏情是指母牛长期不发情，不能进行配种。乏情的母牛卵巢无周期性功能，没有卵泡发育，没有发情表现，处于相对静止状态，有暂时性的，也有永久性的。其原因主要有生理和病理两个因素。

（一）生理不发情

1. 正常生理期导致的不发情

（1）季节性不发情。高原、牧区的黄牛有较为明显的发情季节，一般在枯草期和严冬、早春不发情，发情比较集中在青草旺季。

（2）妊娠期不发情。妊娠母牛由于卵巢黄体的作用，抑制卵泡发育和排卵，不表现发情，保障胎儿发育。

（3）产后不发情。母牛产后生殖器官、体力都需要一段恢复时间，母牛不表现发情。这段时间应加强母牛的饲养管理，促进体况恢复。

（4）泌乳期不发情。产后母牛需要泌乳，泌乳能抑制卵泡发育和排卵，不表现发情。哺乳对母牛生殖内分泌功能抑制作用更为明显，使乏情期更长。一般情况下，犊牛哺乳期为 180 d。生产上，常利用犊牛早期断奶补饲技术，以缓解带犊哺乳、营养、应激等因素对母牛繁殖性能的影响，使犊牛在 120 d 断奶，母牛在 90～120 d 发情、受孕，实现一年一胎。

2. 营养缺乏导致的不发情

日粮能量水平能严重影响卵巢活动，能量不足可使哺乳母牛的卵巢活动静止和不发情。矿物质和维生素缺乏可引起不发情，如缺磷、缺锰都可以引起卵巢功能失调，由发情不明显到不发情。生产上，可以通过加强母牛的饲养管理、补充营养来缩短母牛的乏情期。

3. 衰老导致的不发情

母牛衰老后，卵巢功能逐步衰退，不会发情和排卵，丧失繁殖能力。因此，这种衰老母牛应立即淘汰。

4. 其他原因导致的不发情

由于身体虚弱、使役过重、牛舍环境太差、极端气候、运输应激等因素，导致生殖功能受到抑制，不表现发情。生产上，可以通过有针对性地消除这些不利影响来恢复发情。

（二）病理不发情

1. 持久黄体

分娩后，卵巢中黄体存在超过 25 d，为持久黄体。其发生的原因，可能是子宫疾病引起的，如子宫积液、宫内异物、产后恶露滞留、胎儿干尸化等。

2. 卵巢功能衰退

由于卵巢功能受到暂时扰乱，处于静止状态，不出现发情。如果功能长久衰退，能引起卵巢萎缩、硬化，功能会完全丧失，因此应积极预防和治疗。

3. 卵巢或子宫发育不全

生殖器官呈幼稚型，从不表现发情。异性孪生不育母牛的卵巢发育不良，不能发情。这种母牛应及早确诊、淘汰。

二、异常发情

异常发情是指从卵泡发育开始到排卵过程中出现的反常现象，常表现为排卵而不发情、发情而不排卵、发情不明显、发情期过长、性欲过旺、断续发情等，可导致配种不准。

（一）安静发情

母牛外部发情表现不明显，但卵泡能发育成熟而排卵。安静发情常出现在育成母牛、体弱母牛、产后 60 d 母牛。由于营养不良、舍饲长期不运动、环境卫生条件差、使役过重等因素，干扰垂体正常功能，引起激素分泌不足。应加强检查，及时鉴定发情母牛，及时配种。

（二）短促发情

母牛发情时间很短，症状不明显，往往错过配种机会。有可能是由于卵泡发育成熟很快或者卵泡发育受阻引起的。

（三）慕雄狂

母牛表现为持续而强烈的发情行为，可造成母牛不孕，必须及时治疗。

（四）假发情

母牛只有发情表现，没有卵泡发育，没有排卵。有极少数母牛在妊娠中期会出现假发情，母牛有性欲表现，这种母牛需要进行妊娠诊断，不要盲目配种，以免引起流产。有少数卵巢功能不全或患有生殖道炎症的母牛也会出现假发情，可造成屡配不孕，要及时治疗或淘汰。

（五）持续性发情

母牛发情时间延续很长，超过正常范围，但不排卵。其原因，一是左右两侧卵巢有卵泡交替发育，交替分泌雌激素，使母牛发情时间长，当转入正常发情时，可配种受胎；二是卵巢囊肿使卵泡不排卵，继续发育，不断分泌雌激素，导致母牛持续发情，应及时治疗。

三、屡配不孕

屡配不孕主要表现为受精障碍和早期胚胎死亡，受精障碍表现为母牛需要配种 3 次以上才能受孕，早期胚胎死亡是指输精后 15 d 内胚胎死亡。屡配不孕的原因如下：

（一）营养不良

蛋白质、微量元素以及某些维生素缺乏，会严重影响性腺功能，使配子发生和生殖激素分泌受到抑制或干扰。一般可通过补充营养，使生理功能得以恢复。

（二）环境恶劣

高温、高湿、严寒等恶劣天气，以及生活环境的改变等因素会产生各种应激，严重影响母牛的生理功能。生产上，可通过加强环境控制、减少应激来恢复生殖功能。

（三）疾病

一些疾病特别是生殖道疾病（如子宫炎、卵巢炎等），会对卵泡发育、排卵、受精、胚胎附植、妊娠、分娩等生理过程产生严重影响，致使生理功能异常。生产上，可通过及时诊断、治疗来恢复生殖功能。

（四）内分泌紊乱

内分泌紊乱严重损害牛的生理功能，内分泌紊乱除自身原因外，营养、环境、疾病等外界因素也能引起。应积极诊疗，并加强饲养管理。

四、流产

在胎儿期妊娠终止、产出无生活力的胎儿称为流产，表现为胎儿在妊娠中途死亡、子宫异常收缩、母牛内生殖激素紊乱而失去保胎能力。主要原因如下：

（一）疾病

传染性疾病如布氏杆菌病，可引起流产，因其传染性而导致危害性很大。其他疾病如子宫畸形、羊水增多症、胎盘死亡，以及脏器性疾病和肠道疾病均能引起流产。生产上需要加强传染性疾病的防制，加强一般性疾病的诊疗。

（二）营养不良

营养不良可造成母牛体弱多病，引起流产。一些维生素和微量元素的缺乏也能引起流产。因此，应加强妊娠母牛的营养供应，有针对性地补充维生素和微量元素，预防流产。

（三）中毒

饲喂发霉变质的饲料，能引起中毒，如甘薯黑斑病中毒；妊娠母牛采食多年生金雀草、松针、高粱苗等能引起中毒；化学药品如硝酸盐、氯化钠、砷等能引起母牛流产。因此，要加强妊娠母牛的饲养管理，不喂发霉变质的饲料和有毒有害物质。

（四）冷刺激

饲喂冷冻的饲料、霜冻的牧草、冰冻的水，均能引起子宫异常收缩，导致流产。因此妊娠母牛要尽量避免受到这些冷刺激。

（五）激素紊乱

雌激素、孕酮等紊乱引起流产，应对症治疗。

（六）管理不当

碰撞、摔倒、受凉、孕牛误配、运输颠簸、外科手术、使役过重等都可以造成母牛流产，因此，应特别加强妊娠母牛的饲养管理，注重保胎。

五、营养因素导致的难育和不育

（一）营养不足

营养不足是造成母牛难育和不育的主要原因，我国山区的母牛，常因草料缺乏引起营养不良，导致发情率低。因此应加强营养供应，保证母牛的生长和繁殖需要（图 3-28、图 3-29）。

图 3-28　母牛营养不良　　　　图 3-29　营养不良母牛所产犊牛发育不良

1. 蛋白质不足

引起生殖器官发育受阻和功能紊乱，青年母牛卵巢和子宫处于幼稚型，不发情不排卵；成年母牛会逐渐消耗体内的组织蛋白，用以维持自身和胎儿的需要，造成母体消瘦，胎儿发育受阻甚至死亡。

2. 能量水平不足

能量水平长期不足可以影响幼龄母牛的生长发育，延迟性成熟和体成熟。可以造成成年母牛发情症状不明显或只排卵不发情。怀孕母牛还会出现流产、死胎、分娩无力等。

3. 矿物质和微量元素不足

缺锌可引起母牛繁殖功能下降，青年母牛发情不正常甚至停止发情；缺磷可影响卵巢功能，青年母牛会延迟初情期，成年母牛则会发情受阻甚至停止；缺钙可引起产后发情不正常甚至完全停止；缺铜可抑制发情，增加胚胎早期死亡率；缺碘可引起代谢降低而发情减弱甚至不发情，妊娠母牛容易发生流产或早产；缺硒可引起早期胚胎死亡。

4. 维生素不足

维生素 A 缺乏可影响胎儿发育，母牛阴道上皮角质化；维生素 B 缺乏可引起性周期失调、生殖腺变性；维生素 E 缺乏可中断母牛妊娠。

（二）营养过量

营养过量可造成母牛过肥，卵巢、输卵管及子宫等脂肪过厚，影响卵泡发育、排卵和受精，不仅阻碍受精卵的运行，还会限制妊娠子宫的扩张，造成难育和不育。因此，空怀母牛应保持中等膘情，饲养上以粗饲料为主，适当搭配少量精料。

第九节　繁殖母牛的饲养管理技术

一、育成母牛的饲养管理

（一）育成母牛的特点

育成母牛是指断奶后到配种前的母牛，应在 4～6 月龄时选出，要求生长发育好、体质结实、性情温顺、增重快，但不宜过肥。

育成阶段是母牛的骨骼、肌肉发育最快的时期，也是生殖器官和卵巢发育最快的时期，7～8 月龄骨骼发育最快，12 月龄以后逐渐减慢。7～12 月龄体长增长最快，以后体躯转向宽、深发展。7～12 月龄瘤胃发育很快，瘤胃容积不断增大，瘤胃功能日趋完善，12 月龄接近成年牛水平。6～9 月龄卵巢出现成熟卵泡，开始发情排卵。育成牛一般在 18 月龄左右，体重达到成年体重的 70%，可开始配种。

（二）育成母牛的饲养

育成母牛以青粗饲料为主，适当补充精料，促使其向适于繁殖的体形发展。营养供应要保持适中，营养不良会使牛过瘦，身体发育受阻，影响其发情配种。营养过于丰富会使牛过肥，影响其受孕或造成难产。

在舍饲时，断奶至 6 月龄，精料喂量随着月龄增长，由少到多，但日喂量不应超过 2 kg，粗饲料可选择青贮或干草，日喂量青贮 5～10 kg，干草 1.5～2 kg；7～12 月龄，日喂量精料 2～2.5 kg，青干草 0.5～2 kg，青贮 8～12 kg；13～18 月龄，尽量增加青贮、块根、块茎饲料。日粮参考配方：精料 2.5 kg，青贮 15～20 kg，青草 2～4 kg，块根、块茎 2～4 kg。

在采用放牧饲养时，要根据牧草生长情况，适当补饲精料和干草。放牧能吃饱时不必补饲，冬末春初牧草缺乏时，每天补饲精料 1 kg，青干草 1 kg。但在牧草反青期放牧，嫩草水分含量多高，能量及镁等矿物质缺乏，应适当补饲精料或干草。

（三）育成母牛的管理

育成牛应分群饲养，公母分开，月龄差异一般不超过 2 个月，体重差异不超过 30 kg。舍饲时应给予充足的运动，每天 2 h 以上。每天刷拭 1～2 次，保持牛体清洁，促进皮肤代谢，并养成温顺的气质。放牧时，母牛与公牛不能混牧，以防配种过早，影响母牛发育。育成母牛要建立系谱档案和养殖档案（图 3 - 30、图 3 - 31）。

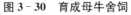

图 3 - 30　育成母牛舍饲　　　　图 3 - 31　育成母牛放牧饲养

二、妊娠母牛的饲养管理

（一）妊娠母牛的特点

妊娠母牛主要是维持生长和促进胎儿发育，妊娠前期（6 个月）胎儿生长较慢，组织器官处于分化阶段，没有必要额外增加营养，但须保证矿物质和维生素 A、维生素 D 和维生素 E 的供给。在妊娠后 3 个月，胎儿处于快速增重阶段，这个时期的增重要占犊牛初生重的 70%～80%，需要从母体中吸收大量的营养。

（二）妊娠母牛的饲养

母牛怀孕前 5 个月，以青粗饲料为主，适当搭配少量精料。青草季节可完全饲喂青草，不需补饲精料。怀孕第 7～9 月，以青粗饲料为主，适当增加精料，多给蛋白质含量高的饲料，注意补充维生素和矿物质。一般舍饲时饲喂精料 3～4 kg，放牧时补喂精料 2～3 kg。产前 10～15 d，饲喂易消化饲料，体弱母牛应增加饲喂量，过肥母牛应减少饲喂量。临产前 7 d，可适当增加精料喂量。妊娠母牛要适当控制棉籽饼、菜籽饼、酒糟等饲料的喂量，切忌饲喂发霉变质、酸度过大、冰冻或有毒有害的饲草和饲料，不饮冰水，否则易造成流产。

（三）妊娠母牛的管理

舍饲时每天饲喂 2～3 次。舍饲牛场要设运动场，每天让其自由运动 2～3 h，以增强母牛体质，促进胎儿的生长发育，并可预防难产。放牧时，青草季节应尽量延长放牧时间，枯草季节应进行重点补饲，精料每头每天可增加 1 kg，补饲维生素 A 添加剂或饲喂胡萝卜 1 kg。母牛要保持中上等膘情，不能过肥也不能过瘦。妊娠后期要注意保胎，防止因碰撞和剧烈运动引起的流产。母牛在产前 1～2 周进入产房（图 3 - 32、图

3-33、图 3－34）。

图 3－32 妊娠后期单独组群

图 3－33 日光浴

图 3－34 妊娠中后期可轻度使役

三、哺乳母牛的饲养管理

（一）哺乳母牛的特点

哺乳期母牛主要是泌乳，以供犊牛需要。母牛哺乳需要消耗大量的营养物质，每千克含脂率 4％的奶，相当于 0.3～0.4 kg 配合饲料的营养物质。我国本地黄牛及其杂交牛产后平均日产奶 2～5 kg，产后 1～2 个月达到泌乳高峰。此时如果营养不足，会影响泌乳量，影响犊牛的生长发育，严重的还会损害母牛健康。

（二）哺乳母牛的饲养

哺乳母牛应加强营养，这对泌乳、产后发情、配种受胎都很重要，如果营养缺乏，会导致犊牛生长受阻，易发生腹泻、肺炎甚至是佝偻病，犊牛在这段时间生长受阻，其以后补偿生长也难以恢复正常。

母牛产后第 2 周，应饲喂易消化饲料，前期饲喂 5 kg 干草，后期可增加 1 kg 精料；母牛分娩 3 周后，逐渐恢复正常饲喂，以母牛采食不剩料为原则，在供给优质青粗饲料的同时，增加混合精料喂量。可大量饲喂青绿、多汁饲料。一般舍饲时补喂精料 3 kg，放牧时补喂精料 2 kg，并注意补充维生素和矿物质；母牛分娩 3 个月后，母牛处于妊娠前期，犊牛也进行了补饲，饲养上可减少精料喂料，多供青绿多汁饲料，但必须保证蛋白质、微量元素和维生素的供应，避免产奶量急剧下降。但要注意防止母牛过肥，影响发情和受胎。

（三）哺乳母牛的管理

应加强哺乳母牛户外运动和乳房按摩，经常刷拭牛体，保证充足饮水。还要注意环境卫生和乳房卫生，防止乳房污染引起犊牛腹泻和母牛乳房炎等疾病的发生。母牛产后一般 40 d 左右可再次发情配种，应在产后 80 d 内再次妊娠，保证一年一犊。这段时间，应注意观察母牛发情情况并及时配种（图 3 - 35、图 3 - 36）。

图 3 - 35　舍饲时应加强带犊母牛运动　　　图 3 - 36　供给优质青饲料

四、空怀母牛的饲养管理

（一）空怀母牛的特点

空怀母牛是指在正常的适配期（如初配适配期、产后适配期等）不能受孕的母牛。生产上要查清不孕原因，采取针对性措施治疗疾病、平衡营养，以促使母牛发情并配种。

（二）空怀母牛的饲养

空怀母牛应保持中等膘情，促进正常发情和配种受胎。过肥过瘦都会影响母牛繁殖。饲养上应以青粗饲料为主，根据膘情体况适当搭配少量精料。一般舍饲时补喂精料 2～3 kg，放牧时补喂精料 1～2 kg。判断母牛膘情的简易方法：母牛静立状态下，在牛侧面 1～1.5 m 处观察，刚好能看到最后面的 3 根肋骨说明膘情适中，看到 2 根肋骨说明偏肥，看到 1 根或看不到肋骨说明过肥，看到 4 根肋骨说明偏瘦，看到 5 根肋骨说明过瘦（图 3 - 37）。

a. 过肥　　　　　　　　　　　b. 偏肥

c. 膘情适中　　　　　　　　　　d. 偏瘦

e. 过瘦

图 3 - 37　不同体况的母牛

（三）空怀母牛的管理

母牛产后 3 周要注意观察其发情情况，对发情不正常或不发情者，要及时采取措施。平常要加强运动和日光浴，以增强体质和提高生殖功能。对先天不孕的母牛应及时淘汰，因饲养管理不当造成的不孕，应加强营养使其自愈。母牛发情后，应及时配种（图3-38、图3-39）。

图 3 - 38　饲养上以青粗饲料为主

图 3 - 39　舍饲时应加强运动和日光浴

第四章 人工草地建设与利用技术

第一节 人工草地及其类型

一、人工草地的概念

人工草地是指利用综合农业科学技术，对天然草地、耕地进行耕翻，通过人为的播种建植的人工草本群落，即种植优良牧草，以获得稳产、高产、优质饲草料的草地。

二、建设人工草地的意义

人工草地是现代畜牧业发展的一个重要组成部分，对黄牛养殖意义重大。一方面，能够为黄牛提供丰富的优质饲草，是舍饲和半舍饲必不可少的生产环节。另一方面，能够弥补天然草地产草量低的不足，有效缓解草地放牧的压力。人工草地的产草量比天然草地高出 4~5.5 倍。特别是北方牧区有的草原退化较严重，禁牧后需要通过人工草地填补饲草供应。第三个方面，对保护生态环境有积极作用，主要表现在防风固沙、保持水土、净化水体和空气、调节小气候、改良土壤、维持生物多样性等方面（图 4-1、图 4-2、图 4-3、图 4-4）。

图 4-1 南方草山草坡

图 4-2 北方牧区退化草地

图4-3　人工草地　　　　　　　　图4-4　天然草场

三、人工草地的类型

(一) 根据气候条件划分

1. 热带人工草地

热带的气候特点是全年气温较高，四季界限不明显，日温度变化大于年温度变化。热带人工草地由喜热不耐寒的热带牧草建植而成。禾本科牧草主要有须芒草族、黍族和虎尾草族；豆科牧草主要有槐兰族、田皂角族、山蚂蟥族和菜豆族（图4-5）。

图4-5　热带人工草地

2. 亚热带人工草地

亚热带是热带与温带的过度地带，其气候特点是夏季炎热干燥，高温少雨，冬季温和湿润。热带人工草地的建植既要考虑耐受夏季的高温，又要考虑抵御冬季的霜冻。靠近温带的地区多种植温带牧草，靠近热带的地区多种植热带牧草。适合该地区的草种有杂草黍、毛花雀稗、宽叶雀稗、隐花狼尾草、象草、罗顿豆、大翼豆、银合欢、山蚂蟥等（图4-6，图4-7）。

图 4-6　亚热带人工草地　　　　　　图 4-7　亚热带山地草地

3. 温带人工草地

我国大部分地区都属于温带气候。温带处于中纬度地区，南北温度梯度大，气候有极大差异。其气候特点是冬冷夏热，气温比热带低，比寒带高，昼夜长短和四季的变化明显。温带人工草地的建植主要考虑耐寒和越冬。适合该地区的禾本科牧草有早熟禾属、苏丹草属、披碱草属、剪股颖属、雀麦属、高粱属、猫尾草属、鸭茅属、羊茅属、黑麦草属、狗牙根属、看麦娘属、燕麦属、黍属、画眉草属等的种和品种。适合该地区的豆科牧草有苜蓿属、三叶草属、百脉根属、胡枝子属、小冠花属、黄芪属、红豆草属、草木樨属、野豌豆属、羽扇豆属、豌豆属等的种和品种（图 4-8、图 4-9）。

图 4-8　温带人工草地　　　　　　图 4-9　温带草地放牧

4. 寒温带人工草地

寒温带是温带与寒带的过渡地带，多位于我国黑龙江北部、内蒙古自治区东北部。其气候特点是年平均气温低于 0 ℃，同时最热月的平均气温高于 10 ℃；冬季漫长而寒冷，极端最低温度可在 −35 ℃ 以下；夏季日照很长，极端最高温度可在 35 ℃ 以上。该地区温带牧草如紫花苜蓿、多年生黑麦草、红豆草等难以越冬，耐寒的牧草如无芒雀麦、猫尾草、伏生冰草、草地早属禾以及寒带人工草地种植的一些品种可以很好地生长（图 4 - 10）。

图 4 - 10　寒带人工草地

（二）根据利用年限划分

1. 短期人工草地

利用年限为 2～3 年，一般是在粮草轮作的土地上建立的人工草地（图 4 - 11、图 4 - 12）。

图 4 - 11　短期人工草地（一）　　图 4 - 12　短期人工草地（二）

2. 中期人工草地

利用年限 4～7 年，主要作为打草基地（图 4 - 13）。

图 4 - 13　中期人工草地

3. 长期人工草地

利用年限 8~10 年，长的甚至达到 20 年。在草地牧区以及风蚀、水蚀、沙化严重的地区应建立长期人工草地（图 4-14、图 4-15）。

图 4-14　北方长期人工草地　　　　图 4-15　南方长期人工草地

（三）根据建植方式划分

1. 单播人工草地

单播人工草地是指在同一块土地上由 1 种草种建植而成的草地。可分为一年生和多年生草地（图 4-16、图 4-17）。

图 4-16　杂交狼尾草草地　　　　图 4-17　黑麦草草地

2. 混播人工草地

混播人工草地是指在同一块土地上由 2 种或 2 种以上的草种建植而成的草地。可分为一年生禾本科和豆科混播草地、多年生禾本科和豆科混播草地、多年生禾本科混播草地、多年生豆科混播草地（图 4-18、图4-19）。

图4-18　光叶紫花苕子和黑麦草混播草地　　　图4-19　混播草地

（四）根据复合生产结构划分

1. 农草型人工草地

农草型人工草地是指牧草与农作物间种、套作，形成二元或三元种植结构型的播种草地。生产上用得比较多的是草田轮作，如利用冬闲田种植黑麦草（图4-20、图4-21）。

图4-20　草田轮作　　　　　图4-21　套种

2. 林草人工草地

林草人工草地是指与林业生产相结合的播种草地，主要是利用树林与牧草在空间上的结合。包括在林地里进行择伐或间伐后播种建植的草地，以及在耕作后的土地上，按照一定间距带状或块状种植牧草和树木的复合人工植被。林草人工草地以草护坡固地，用草养畜，畜粪还地，可以创造良好的经济效益和生态效益（图4-22）。

图4-22　林间人工草地

3. 果草型人工草地

果草型人工草地是指在果园树的空地上建植的草地，主要利用果树与牧草在种间上的结合。以栽培耐阴的豆科牧草为主，也可栽培禾本科牧草。如在柑橘园内套种三叶草和圆叶决明等，草地既可以用来养畜，还可以改良土壤结构，提高土壤有机质，给果树提供氮素营养，实现果畜双丰收。果草型人工草地还能防止水土流失，实现生态效益。

（五）根据利用方式划分

1. 割草地

割草地是指作为割草利用的人工草地。应种植中等寿命的上繁草，豆科牧草如紫花苜蓿、沙打旺、红三叶等主根型牧草，禾本科牧草如黑麦草、象草、苏丹草等疏丛型牧草（图4-23、图4-24）。

图4-23 黑麦草割草地   图4-24 无芒雀麦割草地

2. 放牧地

放牧地是指作为放牧利用的人工草地。应种植长寿命的下繁草，豆科牧草如紫花苜蓿、白三叶等，禾本科牧草如早熟禾、冰草、苇状羊茅等。另外还可种植一些中等寿命或二年生的牧草，以保证前期获得一定的产量（图4-25、图4-26）。

图4-25 放牧地（一）   图4-26 放牧地（二）

3. 割草放牧兼用草地

割草放牧兼用草地是指作为割草和放牧混合利用的人工草地。除选用中等寿命和二年生的上繁草外，还应包括长寿命放牧型的下繁草。

4. 种子生产地

种子生产地是指以生产和收获种子为主的人工草地（图 4 - 27、图 4 - 28）。

图 4 - 27　收割种茎　　　　　　图 4 - 28　种茎保温越冬

第二节　优良牧草引种

一、我国气候生态区划分

对牧草群落影响最大、最直接的环境因素是气候。牧草引种必须遵循气候相似原则，否则难以成功。韩裂保等人将我国划分为 9 个气候生态带。

（一）青藏高原带

主要包括西藏、青海以及四川西部和北部。北纬 27°20′～40°，东经 73°40′～104°20′。年均气温－14 ℃～9 ℃，年降水量 100～1170 mm。这里自然环境复杂，气候寒冷，雨量少，气候温差大，日照充足。草场类型主要为森林草甸草场、灌丛草甸草场和山地灌丛草原草场。这里牧草生长期短，当地少有人工种植。

（二）寒冷半干旱带

主要包括青海东部、甘肃中部、宁夏中南部、陕西北部、山西大部、河南西北部、河北大部、内蒙古东部、辽宁西部、吉林西北部、黑龙江东部。北纬 34°～49°，东经 100°～125°。年均气温－3 ℃～10 ℃，年降水量 270～720 mm。这里热量较好，牧草生长期较长，越冬温度较高。但因降水量较少，蒸发量大，产草量低且不稳定。为保护生态环境，该带实施了退耕还林还草工程，筛选出来的牧草品种生长良好。

（三）寒冷潮湿带

主要包括黑龙江、吉林、辽宁大部、西藏通辽东部。北纬 40°～48.5°，东经 115.5°～135°。年均气温－8 ℃～10 ℃，年降水量 265～1070 mm。这里基本上只有冬季和夏季，冬季寒冷漫长，夏季凉爽、多雨，种植业发达，适宜种草。

（四）寒冷干旱带

主要包括新疆大部、青海西部、甘肃甘南和西北部、陕西榆林大部、内蒙古大部、黑龙江嫩江和黑河以北。北纬 36°～49°，东经 74°～127°。年均气温－8 ℃～11 ℃，年降水量 100～510 mm。这里寒冷、干旱，土壤土层薄且贫瘠，可种植耐干旱、耐寒冷、耐沙化的牧草，以保持水土。

（五）北过渡带

主要包括甘肃东南部、陕西中部、山西中部和南部、河北大部、安徽西北部、山东和江苏的北部、河北大部、湖北西北部。北纬 32.5°～42.5°，东经 104°～122.5°。年均气温－1 ℃～15 ℃，年降水量 480～1090 mm。这里夏季高温高湿，冬季寒冷干燥，多数牧草均能种植，但有些牧草越夏困难，有些牧草越冬困难。

（六）云贵高原带

主要包括云南大部、贵州大部、广西的西林和隆林、湖南西部、湖北西北部、陕西南部、甘肃南部、四川北部和西部、重庆北部和东南部。北纬 23.5°～34°，东经 98°～111°。年均气温 3 ℃～20 ℃，年降水量 610～1770 mm。这里气候温和，降雨较多，适宜人工种草。

（七）南过渡带

主要包括四川大部、重庆大部、贵州西南部、湖北大部、河南大别山区、安徽中部、江苏中部。北纬 27.5°～32.5°、30.5°～34°，东经 110.5°～122°。年均气温 6.5 ℃～18 ℃，年降水量 735～1680 mm。这里四季分明，夏季炎热、潮湿，冬季温暖，降雨充沛，水热条件好，非常适宜建设人工草地。

（八）温暖湿润带

主要包括湖北南部、湖南大部（除湘西外）、江西大部、福建北部、浙江南部、安徽南部、江苏东南部、上海以及广西融安、永福、灌阳一

线以北地区。北纬 25.5°～32°，东经 108.5°～122°。年均气温 13 ℃～
18 ℃，年降水量 940～2050 mm。这里四季分明，夏季降雨量大，冬季
气候温和，适宜牧草生长发育。

（九）热带亚热带

主要包括广东、海南、云南南部、福建中部和南部、广西绝大部分地
区以及台湾。北纬 21°～25.5°，东经 98°～119.5°。年均气温 13 ℃～25 ℃，
年降水量 900～2370 mm。这里雨水充足，水热条件十分丰富，非常有利
于牧草生长发育。

二、牧草引种的环境影响因子

（一）温度

牧草生长发育，不仅要求一定的温度水平，而且还需要一定的热量
总和，因此绝对最低温度和积温是牧草引种的主要温度限制因子。

1. 绝对最低温度

仅从低温单一因子考虑，绝对最低温度的临界草种见表 4-1。

表 4-1　　　　　　　　　　　绝对最低温度的临界草种

绝对最低温度	临界草种
0 ℃～-10 ℃	红三叶、地三叶、绛三叶、象草、皇竹草、矮柱花草、多年生黑麦草、鸡脚草、狗牙根、百脉根、扁穗燕麦等。
-10 ℃～-20 ℃	紫花苜蓿、红豆草、白三叶、杂三叶、鹰嘴紫云英、苇状羊茅、粗穗冰草等。
-20 ℃～-30 ℃	沙打旺、小冠草、垂穗披碱草、老芒麦、羊草、草地早熟禾、无芒雀麦、草地看麦娘、扁穗冰草、蒙古冰草、小糠草、黄花苜蓿、俄罗斯野麦草等。

2. 积温

不同的牧草对积温的要求也不同，对≥10 ℃积温的要求如下：黑大
麦、班纳察大麦 1400 ℃，栉状冰草、紫羊茅 1450 ℃，加拿大大麦
1500 ℃，多变早熟禾、红豆草 1600 ℃，无芒雀麦 1750 ℃，山野豌豆、
哈尔满燕麦 1850 ℃，短芒披碱草 1950 ℃，垂穗披碱草 2050 ℃，西伯利
亚冰草、抗旱苜蓿、肇东苜蓿 2300 ℃，杂种苜蓿 2500 ℃，草原 2 号苜
蓿、新疆苜蓿 2600 ℃，鹅头稗 3000 ℃，沙打旺 3500 ℃。

（二）降水量

除了温度之外，降水量是牧草引种又一重要影响因子。水分不足或者过多，都能影响到牧草的生长发育。如果灌溉条件好，也能在一定程度上克服降水不足的问题。

1. 耐旱牧草　沙生冰草、蒙古冰草、垂穗披碱草、红豆草、扁穗冰草、苏丹草、羊草、小冠花、鹅冠草、中间冰草、胡枝子、俄罗斯野麦草、沙打旺、无芒雀麦等。

2. 需水量中等的牧草　紫花苜蓿、白花草木樨、草地早熟禾、苇状羊茅、鸡脚草、老芒麦、牛尾草、山野豌豆等。

3. 喜水牧草　矮柱花草、猫尾草、意大利黑麦草、白三叶、绛三叶、柱花草、多年生黑麦草、红三叶、紫云英、杂三叶、象草、皇竹草、草原看麦娘等。

（三）湿度

相对于温度而言，湿度对引种没有那么强的限制性，但湿度大小也能影响到牧草的生长发育，所以应从相对湿度差异小的地区引种。

1. 耐湿牧草　无芒雀麦、老芒麦、垂穗披碱草、苇状羊茅、牛尾草、紫黍、大麦草、多花黑麦草、紫云英、非洲狗尾草等。

2. 不耐湿牧草　沙打旺、苏丹草、紫花苜蓿、扁穗冰草、蒙古冰草、中间冰草、金花菜、高燕麦草、毛花雀稗等。

（四）海拔高度

海拔高度对牧草的影响主要体现在温度及光的辐射量，一般情况下，海拔高度每上升1000 m，气温就会下降5.55 ℃（表4-2、图4-29、图4-30）。

表4-2　　　　　　　　　　牧草对海拔高度适应性的分类

海拔高度	牧草品种
2000 m以下	红三叶、白三叶、皇竹草、胡枝子、多年生黑麦草、十字马唐、紫花苜蓿、苇状羊茅等。
2000～3000 m	扁穗冰草、沙生冰草、蒙古冰草、中间冰草、沙打旺、红豆草、小冠花、无芒雀麦等。
3000 m左右	扁穗雀麦、大麦草、纤毛鹅冠草、草地早熟禾、扁蓄豆等。
3600 m左右	肥披碱草、无芒雀麦、多年生黑麦草、和田苜蓿、礼泉苜蓿、红三叶、红豆草、聚合草、苦荬草、胡萝卜、饲用甜菜、甘南莞根、西藏豌豆、宁夏毛苕子、多拉夫豌豆等。

续表

海拔高度	牧草品种
4300 m 左右	加拿大燕麦、甘肃红燕麦、青海黑大麦、白花草木樨、黄花草木樨、甘肃披碱草等。
4500 m 左右	垂穗披碱草、扁秆早熟禾等。

图 4-29　高海拔草地　　　　　图 4-30　高海拔牧场

（五）土壤

1. 土壤酸碱度

（1）喜微酸性土壤牧草：苏丹草、拟高粱、青绿黍、象草、岸杂1号狗牙根、非洲狗尾草、宽叶雀稗、猫尾草、多年生黑麦草、鸡脚草、苇状羊茅、牛尾草、红三叶、白三叶、皇竹草等。

（2）耐碱盐土壤牧草：弯穗鹅观草、无芒雀麦、扁穗雀麦、羊草、披碱草、俄罗斯野麦草、牛尾草、扁穗冰草、金花菜、白花草木樨、黄花草木樨、无味草木樨、沙打旺、红豆草、碱茅、苏丹草、象草、黄花苜蓿、盖氏虎尾草、大麦草、花棒、骆驼蓬等。

2. 土壤质地

（1）适于沙土壤的牧草：羊草、草地早熟禾、苏丹草、象草、岸杂1号狗牙根、盖氏狗尾草、紫花苜蓿、杂种苜蓿、黄花苜蓿、金花菜等。

（2）既适于沙壤土又适于沙土的牧草：扁穗冰草、沙生冰草、蒙古冰草、披碱草、沙打旺、黄花草木樨、鹰嘴紫云英、红豆草、蒙古岩黄芪、地三叶、山黧豆、短柱花草、伏地肤、山野豌豆等。

（3）适于黏壤土的牧草：无芒雀麦、扁穗雀麦、苇状羊茅、牛尾草、鸡脚草、小糠草、草原看麦娘、多年生黑麦草、多花黑麦草、扁穗冰草、老芒麦、俄罗斯野麦草、苏丹草、蒋森草、宽叶雀稗、紫云英、红三叶、柱花草、皇竹草等。

（六）纬度

纬度对牧草引种的影响主要体现在温度上，因为纬度是决定温度变化的重要因素之一，纬度每增加 1°，平均气温就会下降 0.55 ℃。

三、几种牧草的生态特征和生态管理

（一）豆科牧草

1. 紫花苜蓿

紫花苜蓿素有"牧草之王"的美称，为多年生草本植物，营养价值很高，干物质中粗蛋白含量达 21%。该草喜温暖半干燥气候，在年降雨量 250～800 mm、无霜期 100 d 以上的地区均可种植。春、夏、秋季均可播种。播种前施入适量厩肥和磷肥作为底肥。播种量为每亩 1～1.5 kg，播种深度 2～3 cm，条播，行距 30 cm。适宜刈割时间为始花期，留茬高度 5～7 cm，年可刈割 5 次左右，亩产鲜草 1～4 t，高的可达 5 t 以上（图 4-31、图 4-32）。

图 4-31 紫花苜蓿种子

图 4-32 紫花苜蓿

2. 白三叶

白三叶为多年生草本植物，是建立人工草地的当家草种，适宜与多年生黑麦草、鸡脚草、猫尾草等混播。干物质中粗蛋白含量达 24.7%。该草喜温暖湿润气候，在年均气温 15 ℃左右、年降雨量 640～1000 mm 的地区均可种植。北方适宜春播，南方春播和秋播均可。播种前每亩施厩肥 3～4 t 作为底肥。播种量为每亩 0.5 kg 左右，播种深度 1～1.5 cm。条播、穴播或撒播均可。适宜刈割时间为开花期，留茬高度 5～15 cm，东北地区年可刈割 2～3 次，华北地区 3～4 次，南方地区 4～5 次，亩产鲜草 3～4 t，高的可达 5 t（图 4-33、图 4-34）。

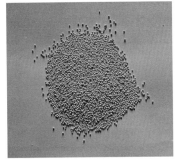

图 4 - 33　白三叶种子

图 4 - 34　白三叶

3. 红三叶

红三叶为多年生草本植物，干物质中粗蛋白含量为 17.1%。该草喜温暖湿润气候，生长最适宜温度为 20 ℃～25 ℃，气温高于 35 ℃生长受到抑制，适宜年降雨量为 800～1000 mm。北方宜春播和夏播，南方宜秋播。单播时每亩播种量 0.75～1 kg，与禾本科牧草混播时，每亩播种 0.75 kg。条播行距 30 cm，播种深度 1～2 cm。播种前每亩施厩肥 2t 作为底肥，生长过程中每亩施过磷酸钙 20 kg、钾肥 15 kg 或草木灰 30 kg。适宜刈割时间青饲用时在开花初期，调制干草和青贮饲料时在开花盛期，留茬高度 10～12 cm。长江以北，年可刈割 3～4 次，亩产鲜草 2.5～3 t；长江以南，年可刈割 5～6 次，亩产鲜草 3.5～6 t（图 4 - 35、图 4 - 36）。

图 4 - 35　红三叶种子

图 4 - 36　红三叶

4. 紫云英

紫云英为一年生或越年生草本植物，常与水稻、棉花、麦类及油菜轮作，干物质中粗蛋白含量可达 22.27%。该草喜温暖气候，生长最适宜温度为 15 ℃～20 ℃，适宜长江流域及其以南地区种植。播种时间最好在

9 月上旬至 10 月上旬，播种量为每亩 1.5～2 kg，一般为撒播。可不施底肥，在苗期至开春前追施厩肥、磷肥，开春后追施人畜粪尿或氮素化肥。适宜刈割时间为盛花期，年可刈割 2～3 次，亩产鲜草 1.5～2.5 t，高的可达 4 t（图 4 - 37、图 4 - 38）。

图 4 - 37　紫云英　　　　图 4 - 38　紫云英种子基地

5. 沙打旺

　　沙打旺为多年生草本植物，干物质中粗蛋白含量为 17.27%。该草喜温耐寒，适宜在年均气温 8 ℃～15 ℃ 的地区种植。播种前施入有机肥和磷肥作底肥。春播、夏播、秋播或冬前播均可，以秋播为好。播种量为每亩 0.25～0.5 kg。条播、撒播或点播均可，以条播为宜，条播行距 30 cm，播种深度 1～1.5 cm。适宜刈割时间为现蕾期，当年可刈割 1～2 次，之后 2～3 次，播种一次可连续生长 4～5 年时间。春播当年亩产鲜草 1～3 t，此后达 5t 以上（图 4 - 39）。

图 4 - 39　沙打旺

（二）禾本科牧草

1. 桂牧一号

桂牧一号是以矮象草为父本、杂交狼尾草为母本进行有性杂交育成的高产牧草品种。干物质中粗蛋白含量为 11.5%～16.3%。适合南方种植，种植时间为 3 月上旬至 4 月中旬，5 月份分蘖移栽。移栽时每亩施土杂肥 5～6 t 或复合肥 100 kg 作基肥。塑料大棚育苗，方式有扦插法和平放法，当种苗长至 5～7 片叶子时即可移入大田，行距 50～60 cm，浇定根水。若采用种茎种植，将种茎直接放入穴内，每穴 2 根，覆土 3～4 cm，并浇水，出苗后只留 1 根。当草长至 60～100 cm 即可刈割利用，以后每隔 20～30 d 刈割 1 次，留茬高度 3～5 cm，年刈割 6～7 次，亩产鲜草 11～15 t。

种苗越冬可采用种兜保温和种茎保温两种越冬方式，种兜保温越冬是用稻草卷成团覆盖种兜，覆土 15 cm 即可，次年 3 月中旬，扒去覆盖物，让其出苗，到时分兜移栽。种茎保温越冬是将种茎放入窖内，每 30 cm 加盖土 10 cm，码到高出地面 50 cm（图 4-40、图 4-41）。

图 4-40 育苗

图 4-41 桂牧一号

2. 多年生黑麦草

多年生黑麦草为多年生草本植物，再生能力强，干物质中粗蛋白含量为 17%。该草喜温暖湿润气候，适宜在年降雨量 500～1500 mm、冬无严寒、夏无酷暑的地区种植，生长最适宜温度为 20 ℃。播种前每亩施厩肥 1～1.5 t、过磷酸钙 10～15 kg 作底肥。春播或秋播，以秋播为宜。播种量为每亩 1～1.5 kg，条播行距 15～30 cm，播种深度 1.5～2 cm。可与三叶草混播。利用方式为放牧或刈牧结合，放牧在草层高 20～30 cm 为宜，每次刈割或放牧后宜追施氮肥。青饲时适宜刈割时间为抽穗期至始花期，调制干草时宜在盛花期，留茬高度 5～10 cm。亩产鲜草 3～4 t，一次种植可连续利用 4～5 年（图 4-42、图 4-43）。

图 4-42 多年生黑麦草种子

图 4-43 多年生黑麦草

3. 意大利黑麦草

意大利黑麦草为越年生草本植物，干物质中粗蛋白含量为 13.66%。该草喜温暖湿润气候，适宜在年降雨量 800～1000 mm、冬无严寒、夏无酷暑的地区生长，我国长江流域各地区均适宜种植。结合翻耕，每亩施厩肥 1.5～2 t 作底肥。南方地区宜秋播，条播行距 15～30 cm，播种量为每亩 1～1.5 kg，播种深度 1.5～2 cm。种植当年可刈割 3～5 次，刈割后每亩追施硫酸铵 8～10 kg 或尿素 6～8 kg。亩产鲜草 3～5 t，高的可达 6 t。一次种植可利用 1～2 年，管理好的可达 3 年。该草与紫云英、红三叶或野大豆混播，可提高牧草品质（图 4-44、图 4-45）。

图 4-44 意大利黑麦草种子

图 4-45 意大利黑麦草

4. 苏丹草

苏丹草为一年生草本植物，干物质中粗蛋白含量可达 8.1%。该草喜温，不耐寒，种子发芽最适宜温度为 20 ℃～30 ℃，幼苗期气温下降到 2 ℃～3 ℃ 即受到冻害。北方在 4 月下旬到 5 月上旬、南方在 2～3 月播种。条播，行距 40～50 cm，播种量为每亩 2 kg，播种深度 4～6 cm。该草为高产饲料作物，需肥量大，除在播种前每亩施厩肥 1～1.5 t 作底肥以外，还要在分蘖期、拔节期及每次刈割后结合灌溉进行追肥，每亩追施尿素或硫胺 7.5～10 kg、过磷酸钙 10～15 kg。青饲时适宜刈割时间为孕蕾期，调制干草时为抽穗至开花期，调制青贮料时则为乳熟期，留茬高度 7～8 cm。南方年可刈割 3～4 次，亩产鲜草 3～5 t（图 4-46、图 4-47）。

图 4-46　苏丹草苗期　　　　　图 4-47　可刈割利用的苏丹草

5. 杂交狼尾草

杂交狼尾草由一年生美洲虎狼尾草和多年生象草杂交选育而成，干物质中粗蛋白含量为 9.95%。该草喜温暖湿润气候，耐热怕寒冷，适宜在南方种植，25 ℃～30 ℃生长最快，低于 10 ℃停止生长，低于 0 ℃则会冻死。一般在 4 月下旬播种育苗，每亩播种量 2.5 kg，用呋喃丹等农药拌种，播后用薄膜或土杂肥末覆盖。幼苗 3～4 叶时每亩追施尿素 2～3 kg，结合喷水或喷洒稀薄腐熟屎尿水。6～8 叶时单苗移栽，株行距40 cm×50 cm。移栽地每亩施入厩肥 3 t、磷肥 30 kg 作为底肥。移栽活蔸后每亩施尿素 15 kg。株高 1.2 m 即可刈割，留茬高度 10～15 cm，刈割后每亩追施尿素 5～10 kg。年刈割 4～6 次，亩产鲜草 15～20 t（图 4-48、图 4-49）。

图 4-48　杂交狼尾草种子　　　　图 4-49　杂交狼尾草

6. 扁穗牛鞭草

扁穗牛鞭草为多年生草本植物，干物质中粗蛋白含量为 14.63%。该草喜温暖湿润气候，适宜南方地区。全年均可种植。结合整地施足基肥，将种茎切成 15～20 cm 长，每段含 2～3 节，开沟扦插，行距 30～35 cm，株距 15～20 cm。扦插后及时浇水，每次刈割后进行灌溉，每亩施入尿素 5～6 kg，每年开春前在株丛间施入一次有机肥。在株丛高 50 cm 即可刈割，年可刈割 5～6 次，亩产鲜草 7～10 t（图 4‑50、图 4‑51）。

图 4‑50　扁穗牛鞭草（一）

图 4‑51　扁穗牛鞭草（二）

7. 皇竹草

皇竹草是美洲狼尾草和象草杂交育成的高产牧草品种。该草喜温暖湿润气候，适宜南方种植。一般 3～5 月播种，每亩施入厩肥 2 t 作为底肥。可直播也可育苗移栽。作青饲料栽培时，株行距 50 cm×66 cm；作种节繁殖时，株行距 80 cm×100 cm。播种时，将种茎切成段，每段保留 1～3 个腋芽，并在切口处沾上草木灰进行防腐消毒。将种茎按 45°斜放入穴内，腋芽朝上，覆土 3～5 cm，浇足定根水。当苗高 30～50 cm 时第一次施肥，每亩用尿素 20～30 kg 兑水淋施，以后视生长情况施肥。当草长至 100～120 cm 即可刈割，留茬高度 10～15 cm，年可刈割 5～7 次，刈割后每亩追施尿素 25 kg 或碳酸氢铵 50 kg，亩产鲜草 15～30 t。种苗越冬与桂牧一号一样，可采用种蔸保温越冬和种茎保温越冬两种方式（图 4‑52、图 4‑53）。

图 4‑52　皇竹草（一）

图 4‑53　皇竹草（二）

第三节　草地建植

一、土地的选择与整理

(一) 土地的选择

1. 地势条件

应选择在地势平坦的地方,便于机械化作业。对工程作业量不大的小规模牛场,也可选择在地势稍有起伏的地方。低湿沼泽地、重盐碱地、流动沙地和低洼易涝地不宜建立人工草地。注意避免选在坡度较大、土层浅薄的坡地,以防引起水土流失。避免选在容易风蚀的地方,以防引起土地沙化。土地还要具有良好的排水条件,以防发生水涝。

2. 土壤条件

应选择土层深厚、有机质含量高、土壤肥沃的土地。土壤的酸碱性应与牧草生物学特性一致,过酸的土壤不宜种植。

3. 水源条件

应选择水源丰富、水质良好的地方,要满足草地灌溉的需要,作放牧草地时还要满足黄牛饮水的需要。

4. 交通条件

作放牧地时,草地不应离牛场太远。作割草地时,要有公路通达,便于牧草运输。

(二) 土地的整理

1. 地面清理

地面清理主要是清除地面的原生植被以及杂物,为牧草生长提供良好的条件。在灌木多的地方,用灌木铲除机等机械清除。在杂草丛生的地方,用草甘膦等灭生性除草剂喷洒清除。在野生植被及有毒、有害植物覆盖度高的地方,通过烧荒的方式清除。石块须通过人工清除。

2. 土地平整

土地平整是指将土地上的土丘、壕沟等凹凸不平的地方推平、填平,并将原有的小地块尽量整合成大地块,便于机械作业。

3. 土壤耕作

土壤耕作包括耕翻、耙地、耱地、镇压四道工序 (图 4 - 54)。

耕翻是利用旋耕机等农业机械将土层翻转、松碎和混合,使土壤结构发生根本性变化。耕地尽量要深耕，深度宜在 20~25 cm，以扩大土壤含水量，增加土壤的底墒（图 4-55）。

　　耙地是用钉耙将耕翻过来的土块耙碎、将杂草根茎耙出、将地面耙平，为播种创造条件。

图 4-54　土壤耕作　　　　　　　　图 4-55　耕翻

　　耱地是利用长条木板或者植物枝条编成的工具耱实土壤，耱碎耙地留下来的小土块，以平整地面，利于播种。

　　镇压是利用镇压器或者石滚压实土壤，以便播种。镇压可将疏松的土壤压紧，减少土壤水分蒸发，起到保墒的作用。土壤经过镇压后，减少了其中的较大孔隙，可以避免播种过深而出不了苗，还可以避免"吊根"现象。"吊根"是指种子发芽生根后，根部吊在土壤空隙中，因接触不到土壤，而吸收不到水分和养料，导致种苗枯死。

二、牧草种子处理

（一）豆科牧草硬实种子处理

　　很多豆科牧草都含有一定量的硬实种子，如紫云英硬实种子的含量为 80%~90%，紫花苜蓿为 10%~20%，白花草木樨为 40%。硬实种子种皮坚厚，或附有致密的蜡质和角质，不透水，不透气，阻碍胚的生长而呈现休眠，不能发芽。这类种子在播种前需进行处理。

　　1. 机械处理

　　机械处理是将种子擦破，使种子能够吸水、发芽。将种子晒 1 d 后，用碾子碾压，使种子相互摩擦而擦破种皮。碾压时将种子铺厚一点，以防压碎种子。如种子量少，可加入细沙，用木棒用力搅拌，使种子与细沙相互摩擦，至种皮发毛即可。也可将种子与细沙一起装在布袋里，然后用力揉搓或用木棍敲打，擦破种皮。处理后，种子发芽率可提高到 90% 以上。

2. 温水处理

温水处理是用温水浸泡种子，使种皮开裂。把种子放入温水中，水温以不烫手为宜，浸泡一昼夜后取出，白天放在阳光下晒，晚上放在阴凉处，常浇些水，也可覆盖湿麻袋，使种子一直处于湿润状态，经 2～3 d 后，种皮开裂，即可播种。

3. 化学处理

化学处理是加入化学物质，使种皮开裂。将种子放在 1% 的稀盐酸溶液中浸泡，半小时后取出，再用清水浸泡 1 h 左右，或者用流水冲洗20 min，放在阴凉处阴干，即可播种。

（二）禾本科牧草种子去芒处理

禾本科牧草种子常有芒髯毛或颖片等附属物，会影响播种。常用的处理方法如下：

1. 除芒机处理

用除芒机去掉芒髯毛以及颖片、穗轴等附属物。

2. 石碾处理

将种子均匀铺在水泥地面上，用石碾滚压后，经风车轻扬即可去芒。注意在碾压时将种子铺厚一点，以防压碎种子。

（三）豆科牧草根瘤菌接种

1. 接种目的

根瘤菌是指与豆科植物共生，形成根瘤并固定空气中的氮气供植物营养的一类秆状细菌。其与豆科植物的共生关系是，豆科植物为根瘤菌提供良好的居住环境、碳源和能源以及其他必需营养，而根瘤菌则为宿主提供氮素营养。由于有些土壤中没有与豆科植物共生的根瘤菌，因此在播种前需对豆科牧草进行根瘤菌接种。豆科牧草通过与根瘤菌的共生固氮作用，将空气中的分子态氮转变为植物可以利用的氨态氮，供豆科牧草生长之需，可大大提高豆科牧草的产量和质量。如一亩苜蓿年可积累 20 kg 氮肥，相当于 100 kg 硫铵。

2. 菌种选择

不同豆科植物需要与不同类型的根瘤菌共生，因此在接种时，必须选择正确的根瘤菌种类。豆科牧草的根瘤菌，有些可以互相接种，有些则是专性的。专性的只能和适合自己的菌株接种，如百脉根属、刺槐属、田菁属、红豆草属、鹰嘴豆属、锦鸡儿属、紫穗槐属等。可以互接的种族为，苜蓿族：可接种苜蓿属、草木樨属、胡芦巴属等。三叶草族：可接种三叶草属。豌豆族：可接种豌豆属、野豌豆属、兵豆属等。羽扇豆族：可接种羽扇豆属、鸟足豆属。大豆族：可接种大豆属。豇豆族：可接种豇豆属、红豆属、胡枝子属、山蚂蟥属、葛藤属、落花生属、金合欢属、木蓝属等。菜豆族：可接种菜豆属的一部分种。

3. 接种方法

（1）根瘤菌剂法：从市场上购买根瘤菌剂，按产品使用说明书制取菌液，喷洒在种子上，并搅拌均匀，使种子都沾到菌液即可。接种配比为每千克种子拌 5 g 根瘤菌剂。接种操作时应注意以下几点：一是在阴暗潮湿的地方接种，避免根瘤菌被阳光直射；二是拌种后立即播种；三是用其他农药拌过的种子不能接种根瘤菌；四是已经接种根瘤菌的种子，不能与生石灰或大量肥料接触；五是选择湿度好、排水和透气良好的非酸性土壤播种。

（2）干瘤法：选豆科牧草盛花期的健壮植株，取其根部，洗净后置于通风、阴暗处阴干。播种前，将阴干的根部磨碎，加上一些黏合剂，再均匀拌种。一般用量为每公顷草地 100～150 株干根粉。也可选择较为暖和的天气（温度 20 ℃～30 ℃），用重量为干根 2 倍左右的清水与磨碎后的干根均匀混合，置于阴暗的地方培养 10～15 d，即可拌种。

（3）鲜瘤法：取不含砂石的熟土 250 g，晒干后与少许草木灰混合均匀，置于容器中蒸 1 h 消毒，冷却后待用。然后选取 30 个根瘤或者 10 株阴干后的豆科植物根部磨碎，加入少许冷开水，再与上述处理过的泥土搅拌均匀，置于 20 ℃～25 ℃ 的条件下培养 3～5 d，每天加少量冷水翻拌，即可制成根瘤菌剂。每公顷草地用量为 750 g 左右。

（四）拌种

不管是豆科牧草还是禾本科牧草，都有一些种子比较细，因播种量小，难以保证播种的均匀度，可以用草木灰、复合肥或细沙与牧草种子混合均匀，再进行播种。

（五）种子包衣

用黏合剂、干燥剂、接种剂和肥料以及杀虫、除菌的一种或互不影响的几种物质均匀地包在种子上，既可以增加种子重量，利于提高播种均匀度，也可以增加肥力，防虫除菌，利于提高出苗率。在操作上，用黏合剂包住种子，再加入干燥剂滚动，形成包衣，此过程也称丸衣化。包衣后的种子在搬运过程中应避免剧烈抖动，防止包衣脱落。另外还应注意防潮。

三、牧草播种期

播种期的选择主要考虑温度、水分等自然条件。当温度达到种子发芽所需的最低温度时即可播种，墒情好的土壤能为种子萌发提供足够的水分。不同的牧草品种，对种子萌发所需的温度也不同，因此要根据温度确定播种期。

春播：4月中旬至5月末播种，此时天气转暖，生长期长。一年生牧草适宜春播。

夏播：6~7月播种，此时温度高、雨水足，利于种子萌发、出苗，但要避开三伏天。

秋播：10~11月播种，此时温度适宜，但生长期短。多年生和越年生牧草适宜秋播。

四、播种量

播种量既能影响牧草的产量，也能影响牧草的利用年限。播种量受牧草生物学特性、种子质量以及土壤耕作精细程度、肥力、墒情和牧草利用方式等因素影响。播种量通常参考种子包装袋上的说明书，再根据实际情况适当调整。播种期早、土壤肥力高、土壤墒情好的可适当少播，相反则适当多播。在有条件的情况下，开展种子发芽试验，计算实际播种量。

实际播种量＝种子用价100%时的播种量/种子用价

种子用价＝种子净度×种子发芽率

种子净度＝（试样重量－杂质重量）/试样重量×100%

发芽率＝种子发芽粒数/供试种子粒数×100%

播种量除了考虑发芽率、种子净度等因素外，牧草刈草用和种用时的播种量也有差别，下面列举几种主要牧草的播种量（表4-3）。

表4-3	几种主要牧草亩播种量	单位：kg
牧草名称	刈草用	种用
紫花苜蓿	1.5~2	0.5~1
多年生黑麦草	1~1.5	0.8~1
多花黑麦草	1~1.2	0.8~1

续表

牧草名称	刈草用	种用
黄花苜蓿	1.5	0.5～1
草木樨	2～3	0.5～1
红豆草	8～10	4～6
春箭筈豌豆	8～12	6～8
红三叶	1.5～2	0.5～1
无芒雀麦	3～4	1～1.5
羊草	5～7	1～1.5
披碱草	3～4	1.5～2
冰草	2～3	1～1.5
老芒麦	2～3	1～1.5
鸭茅	0.8～1	0.6～1

五、播种深度

播种深度受到牧草种类、种子大小、土壤类型和土壤墒情等因素影响。播种太深，会影响出苗；播种太浅，种子难以获得充足的水分，还易被风吹出，被鸟啄食。豆科牧草播种深度一般为 2～3 cm，禾本科牧草播种深度一般为 3～4 cm。沙质土壤，小粒种子宜播深 2 cm，大粒种子宜播深 3～4 cm；中等黏土，播深 1.5～2 cm；较重黏土更应浅些。

六、播种方法

(一) 直播和育苗移栽

种子较大或者发棵较大的牧草适合直播。种子细小，株形拓展大的牧草适合育苗移栽。育苗移栽时，要选择土壤肥沃、阳光充足、排灌便利的地块建设苗床，起畦高 20～25 cm，长 5～8m，苗床要平整细致。播种后用薄膜或土杂肥末覆盖，出苗后要追肥，并结合喷水或喷洒稀薄的腐熟尿水。移栽土地要求土层肥厚，施入底肥，活蔸后再追肥（图 4-56、图 4-57）。

图4-56　杂交狼尾草育苗　　　　　　图4-57　移栽大田

（二）单播和混播

单播是指在一块地里播种一种牧草的播种形式。相对混播而言，其优点是操作简单，节省劳力，播种速度快；缺点是产量较低、易被杂草抑制。

混播是指在一块地里播种两种或两种以上牧草的播种形式。可以同行播种，也可隔行播种。混播常采用豆科牧草与禾本科牧草混合播种，有的则采用同科中的多种牧草混合播种。相对于单播牧草，混播牧草产量可提高14%～25%；草质好，禾本科牧草富含糖类，豆科牧草富含蛋白质和矿物质，牧草营养丰富而且配比适中，适口性好，消化率高。主要原因，一是牧草根系在土壤中均匀分布，能吸收到充足的养料和水分。禾本科牧草根系发达，分布较浅，集中在0～25 cm土层；豆科牧草根系分布深，集中在20～40 cm的土层，最深的可达200 cm，同时有固氮能力。二是牧草地上部分枝叶分布空间扩大，能充分利用光合作用。豆科牧草叶丛多分布在地上30 cm空间内，禾本科牧草叶丛多分布在30 cm以上的空间内。

在选择混播牧草时，品种的组合必须要有共同的适应性、生长发育的一致性和长势的均衡性，具有高产、优质、再生性能好、产草稳定等特性。混播草地根据利用的目的，可分为刈草型、放牧型和刈草-放牧兼用型三种。

刈草型混播草地主要作为割草场，应以中等寿命的上繁疏丛禾本科牧草和轴根型豆科牧草为主，利用年限一般为4～7年。

放牧型混播草地主要作为放牧场，应包括上繁豆科牧草和下繁豆科牧草、上繁禾本科牧草和下繁禾本科牧草，以下繁豆科牧草和下繁禾本科牧草占优势，利用年限多在7年以上（图4-58、图4-59）。

图 4-58　放牧型混播草地（一）　　　图 4-59　放牧型混播草地（二）

刈草-放牧兼用型混播草地，宜采用中等寿命和 2 年以上的上繁草以及长寿的放牧型下繁草，利用年限在 4～7 年或 7 年以上。

相对单播牧草而言，混播牧草的播种量应比单播多一些，如两种牧草混播，用量为各自单播量的 70%～80%，如 3 种或 3 种以上的牧草混播，则同科的两种为各自单播量的 35%～40%，另一种则为单播量的 70%～80%。

（三）撒播、条播和点播

撒播是将牧草种子均匀撒在土壤表面，然后轻耙覆土，操作简单，效率高。撒播又可分为人工撒播和飞机撒播。撒播时，土地要平整压实，播后用耙或镇压器轻耙镇压（图 4-60）。

条播是在土地上每隔一定距离开出一条浅沟，边播种边覆土。条播的间距应根据牧草种类的利用方式而定，一般为 15～30 cm。植株高大的宜宽，反之宜窄。灌溉条件好的宜窄，反之宜宽。种用牧草间距一般为 45～60 cm（图 4-61）。

点播也叫穴播，是在行或垄上开穴播种，或在行中开沟，隔一段距离点播种子。

图 4-60　撒播　　　　　　　　图 4-61　条播

(四) 无性繁殖

许多禾本科牧草常采用茎节扦插的方法进行繁殖。操作时,将种茎切成段,每段保留 2～4 个腋芽,并在切口处沾上草木灰进行防腐消毒(图 4 - 62)。将切成段的种茎按 45°斜插入土中,上部一节露出土层,稍稍踩紧,浇上定根水(图 4 - 63)。也可将种茎横放在沟穴里,腋芽朝上,覆土 3～5 cm,浇上定根水。如皇竹草、巨菌草等植株高大的牧草,作青饲料栽培时,株行距为 50 cm×66 cm 或 33 cm×66 cm,每亩 2000～3000 株;作种用栽培时,株行距为 80 cm×100 cm 或 70 cm×90 cm,每亩 800～1000 株。植株不高的牧草种植应密些,如扁穗牛鞭草,行距30～35 cm,株距 15～20 cm。

牧草种茎应特别注意保温越冬,通常放在地窖中保存。也可选在地势较高的地块挖一个坑,将种茎埋在地里,在底部和上部铺些稻草或者牧草的叶片。周围挖排水沟。

图 4 - 62　切成段的种茎　　　　　图 4 - 63　茎节扦插

第四节　草地管护

一、施肥

施肥的方式主要分为施基肥和追肥两种,施肥的种类、数量、时间应根据牧草的品种、生长期、土壤肥力、播种方式及生产需要等因素而定。

为了防止土壤重金属污染以及土地退化,应积极开展测土配方施肥,按不同地块,建立地力评价系统,根据不同饲草和饲料作物施肥需要,建立科学施肥的指标体系，优化施肥结构，做到精准施肥。

（一）施基肥

施基肥是指在播种前结合整地施入肥料，常以充分腐熟（经 50 ℃ 以上高温发酵 7 d 以上）的有机肥为主，配合使用绿肥、土杂肥、施用酵素菌沤制的堆肥以及生物肥料等。一般每公顷施入基肥 15～30 t。在翻耕时将基肥施在土壤深层，通过翻耕将翻过来的土壤把基肥覆盖。

（二）追肥

追肥是指在牧草生长期施入肥料，以速效性化肥为主（图 4-64）。速效性化肥有尿素、硫酸铵、过磷酸钙、磷矿粉、硫酸钾和硫酸铵等。提倡测土配方施肥和施用有机微生物肥料。

禾本科牧草在拔节至抽穗期以及每次刈割之后追肥，应以氮肥为主，施入量按有效成分为每公顷 30～90 kg，同时配合施用磷肥和钾肥。豆科牧草在分枝后期至现蕾期以及每次刈割之后追肥，应以磷肥和钾肥为主，施入量按有效成分为每公顷 25～75 kg，在苗期配合施入一定氮肥，促进根瘤的形成和幼苗的生长。

在追肥时，也可用牛粪和无机肥混合施用。如"牛-沼-草"种养模式，牛场生产的牛粪通过沼气处理后用来种草，既可解决牛场粪便污染的问题，又能提高牧草产量，达到生态养牛的目的（图 4-65）。混合牧草地追肥应以磷肥、钾肥为主，最好结合灌溉施肥。

图 4-64　追施化肥　　　　　　图 4-65　刈割后追施有机肥

二、排灌

（一）灌溉

禾本科牧草田间适宜持水量为 70%～80%，豆科牧草为 50%～60%，当土壤水分不足时或在牧草刈割后应进行灌溉（图 4-66）。灌溉的时间、次数以及灌溉量应根据牧草的品种、生长期、利用方式及灌溉条件等因素而定。

放牧和刈割用的多年生牧草，在全部牧草返青之后浇 1 次返青水。豆科牧草在分枝后期至现蕾期浇水 1～2 次。禾本科牧草在拔节至开花乃至乳熟期浇水 1～2 次。割草地在每次刈割之后浇水 1 次。灌溉量应根据牧草生长期所需水分以及土壤性质来确定，每次浇水应以土壤湿透为宜，一般每亩每次灌溉量为 10～50 t，每亩每年为 150～250 t。

图 4 - 66　带孔水管灌溉

图 4 - 67　大田种草应设排水沟

（二）排渍

排渍是排除多余的土壤水分和控制地下水位的工程技术措施。在降雨充沛的地区，常因降水集中，地势低洼，土壤质地黏重，易造成渍害，因此应特别注意排渍。尤其是大田种草，四周应设置排水沟，中间地块每隔一段距离平行设置一条排水沟，易于排渍（图 4 - 67）。

三、防除杂草

（一）除草剂除草

对杂草比较严重的地块用草甘膦等除草剂防除杂草，主要是对新开垦荒芜地进行地面除杂处理。因除草剂既能杀死杂草也会杀死优良牧草，故不宜大面积使用。

（二）锄草和割草

牧草在苗期受杂草影响较大，尤其是苗期生长缓慢的多年生豆科牧草遭受影响更大，故苗期应进行中耕除草。牧草刈割时将杂草一起割除，以减轻杂草对下茬草的影响（图 4 - 68）。

图 4 - 68　苗期除杂草

（三）轮作防杂

有些杂草对人工牧草的危害程度不同，如菟丝子对紫花苜蓿危害较大，而对禾本科牧草危害较小，可以通过轮作不同牧草来减少危害。

四、防治虫害

（一）化学防治

在播种前，用化学药剂对牧草种子进行处理，杀灭病菌和虫卵，如用铝处理三叶草种子，可减少象甲对三叶草根茎的危害。当牧草发生病虫害后，根据其活动规律采用相应的化学药剂杀灭，如防治毛虫和蝗虫等。应选择效果好，对人、畜、自然天敌都没有毒性或毒性极微的生物农药或生化制剂，禁止施用高毒、高残留农药，限制使用中毒农药。使用化学药剂时应严格掌握用量，用药后 30 d 内不得放牧或刈割利用。

（二）生物防治

一方面是选用抗病虫害的品种，如菊苣、串叶松香草等；二是选用经过包衣处理的种子；三是利用天敌防治虫害，如用瓢虫来防治蚜虫、粉虱、螨类、介壳虫等虫害，既不污染环境，又达到灭虫害的效果，利于草地的生态平衡。

（三）农业技术防治

采用农业技术措施控制或减轻病虫危害，一是在病虫害危害初期对牧草提前刈割，如苜蓿蚜虫未达到严重危害前，提前刈割；二是施用磷肥和钾肥，可以减少象甲对三叶草叶片的危害；三是采用合理轮作换茬制度，结合中耕培土等措施，减少有害生物的发生。

第五节　草地刈割利用

一、牧草收割期

牧草收割时间会直接影响到牧草的产量和品质。通常,禾本科牧草宜在抽穗期收割,豆科牧草宜在始花期收割。不同的牧草品种也有不同的适宜收割期,如苏丹草为抽穗期,燕麦草为乳熟期至蜡熟期,苜蓿为花前期至初花期,红三叶为初花期至中花期。收割时应尽可能避开雨天,否则会影响到青干草、青贮等饲料的加工调制。青干草被雨水全部淋湿后,其干物质在田间和贮存期、饲喂时的损失可达到 40.6%,比未被淋湿增加了 18.2 个百分点(图 4-69)。

图 4-69　收割加工的营养面包草

二、牧草收割方式

牧草收割方式可分为人工收割(图 4-70)和机械收割(图 4-71)。目前,牧草机械收获中,除了收割机外,还附加了其他功能的机械,组成了不同的牧草机械收获系统。由割草机、搂草机、集草机及垛草机组成的牧草机械收获系统,因动力选配方便、适应性广而被广泛使用;由割草机、搂草机、压捆机、装载机及运输车组成的牧草机械收获系统,因功能完善、作业效率高而适用于集约化养殖;由割草机、搂草机、草捆机和装载机组成的牧草机械收获系统,因结构简单、使用技术要求不高也被普遍使用。

图 4-70 人工收割

图 4-71 机械收割

三、留茬高度

适宜的留茬高度是保证牧草再生草正常恢复生长及保证下茬产量的重要条件之一。留茬过高会影响牧草产量，过低则会影响再生草的生长，甚至割掉生长点和分蘖节使牧草失去再生能力。一般牧草留茬高 5～8 cm，高大牧草 10～15 cm。不同的牧草品种要求留茬高度不同，豆科牧草中，紫花苜蓿 5～7 cm，白三叶 5～15 cm，红三叶 10～12 cm；禾本科牧草中，黑麦 5～10 cm，苏丹草 7～8 cm，无芒雀麦、猫尾草、冰草、羊草 6～8 cm，杂交狼尾草、皇竹草 10～15 cm，而从茎枝腋芽上萌发新枝的百脉根留茬高则在 20～30 cm。

四、收割管理

新收割的牧草含水量为 75％～80％，可直接青饲（图 4-72）。用于加工调制时要进行田间晾晒，达到调制饲料的含水量要求。如调制青干草，在田间晾晒后收回时的最大含水量为 20％～25％，太干会导致叶片变脆而脱落，太湿会使草堆发热而影响干草品质（图 4-73）。干草含水量估测，可用双手握住一把干草用力拧转，茎秆上若无水的迹象，且发生脆响，说明含水量合格。牧草田间晾晒的时间要根据当地的温度、阳光、风力、空气湿度而定。晾晒时要注意抖松牧草，适时翻动，使牧草均匀晒干，但翻动次数也不宜过多，以减少叶片脱落。

如果新收割的牧草用于调制青贮料，适宜含水量为 65％～75％，水分过低，青贮料在装填过程中难以压紧，影响青贮品质；水分过高，植物细胞液汁在装填压紧过程中被挤压流失，损失养分。相比青干草，青贮料要求的含水量高得多，因此新收割的牧草在田间稍加晾晒即可。如果没有晾晒条件，也可在调制过程中添加干草、干秸秆以降低水分含量。

图 4-72 机械打捆

图 4-73 优质青干草

第六节 草地放牧利用

一、放牧的适宜时间

放牧期是放牧开始到放牧终止这段时间，合理选择开始和终止的时间，对牧草生长、发育和再生有着重大意义。

（一）放牧开始时间

放牧开始时间应根据牧草的生长高度、发育阶段以及草地组成的植物成分、黄牛的采食能力等因素来定。通常，春季放牧应在牧草生长 15～18 d 后开始，此时牧草高度在 10～15 cm，草质好，营养价值高。这段时间属于牧草生长发育的临界期，也就是"忌牧期"，因为春季牧草萌发完全依靠储藏的营养物质，直到 15～18 d 后，营养物质才得以补充。黄牛适于采食较高的牧草，需要草高 7 cm 时才能吃饱。禾本科草占优势的草地，应在开始拔节的时候开始放牧。豆科牧草占优势的草地，应在腋芽出现的时候开始放牧。

草地放牧开始的时间不应过早和过迟。放牧过早，新生枝叶被吃掉，牧草难以生长，使牧草产量下降，甚至会使牧草枯竭。放牧过迟，会使牧草采食率降低，再生能力减弱。

（二）放牧终止时间

牧草在生长结束之前，需要储藏一定的营养物质，以备来年再生。牧草生长结束前 30 d 左右应终止放牧，在生长季结束之后，才能转入冬季枯草期放牧。进入冬季，牧草生长停止，产量下降，养分降低，此时应进行补饲，保证黄牛生长发育所需要的营养。

二、放牧强度

当草地利用率确定之后，可根据牛群实际采食率来检查放牧强度。适度放牧：利用率＝采食率；轻度放牧：利用率＞采食率；过度放牧：利用率＜采食率。适度放牧有利于草地维持较高的生产水平，草群组成基本不变；过度放牧会使可食性高的牧草逐步消失，可食性低的牧草占优势。

草地重复放牧次数取决于草地再生草的速度，而再生草的速度又与牧草种类、土壤营养状况、气候和水热条件等因素有关。一般情况下，春季第一次放牧，一般间隔 20～25 d，待草层恢复后可再次放牧。第二次以后的放牧，需要间隔时间较长。

放牧采食留茬一般在 5～7 cm 较为合理，如留茬过低（低于 3 cm），牧草再生能力减弱，产草量下降。如留茬过高（高于 10 cm），一部分可被利用的牧草没被利用，降低草地利用率。如果是管理很好的栽培草地，即使留茬 3～4 cm，也不影响牧草再生。

三、放牧方式

(一) 连续放牧

连续放牧是指家畜在全部放牧时期内，不受限制地在一块草地上放牧。这是一种较原始的自由放牧方式（图 4 - 74、图 4 - 75）。

连续放牧的优点是：围栏、供水等设施建设投资少，管理费用小。缺点是：牧草产量低，质量差，甚至会使草地退化。黄牛采食选择性大，喜食的牧草被利用，适口性差的植物留了下来，造成饲草浪费，草地质量下降；黄牛游走范围大，增加了黄牛对草地的践踏破坏；黄牛放牧密度低，草地利用和粪便散布不均匀。采用连续放牧，应根据牧草的不同生长季节，合理增减黄牛数量，以解决牧草旺季过剩、其他季节又明显不足的问题。

图 4 - 74　草地放牧（一）　　　　图 4 - 75　草地放牧（二）

（二）划区轮牧

划区轮牧是指根据草地生产力和放牧畜群的需要，将草地划分为若干分区，规定放牧顺序、放牧周期和分区放牧时间的放牧方式（图 4 - 76、图 4 - 77）。

图 4 - 76　划区轮牧（一）　　　　　图 4 - 77　划区轮牧（二）

划区轮牧的优点：一是使草地得到休养生息，保持牧草正常的生产发育，而且牧草还能被黄牛充分采食，很大程度地提高草地载畜量；二是草地放牧均匀，抑制杂草生长，提高牧草品质；三是减少黄牛游走时间，既能减轻黄牛对牧草践踏，又能降低黄牛的体力消耗，提高黄牛的生产效率；四是有利于草场的管理，利用每个小区的停牧时间，进行清除杂草、灌溉施肥、除虫灭鼠以及补播牧草等；五是减少寄生虫病的感染，很多随粪便排出的寄生虫卵，在外界 1～2 周便可发育为具有感染力的幼虫，因此不在同一分区连续放牧 6 d，就能减少感染机会，并通过高温自然净化，杀死寄生虫卵或幼虫。

1. 轮牧分区

南方山区，气候温暖，雨量充沛，草地再生能力强，可划分为 7～9 区。而北方气候寒冷、干燥，草地再生能力弱，可划分为 16～24 区。

2. 放牧天数

根据牧草的再生和寄生性蠕虫的感染情况确定分区内的放牧天数。按照牧草的再生速度，一般分区内的放牧天数不超过 6 d，这样还可以躲开粪便中排出的寄生性蠕虫的感染。在寒冷干旱的地区，或在放牧季的后期，牧草生长缓慢，放牧日数可以适当延长。

3. 轮牧周期

即从第一分区至最后分区循序放牧一遍，并返回第一区的时间，实际就是放牧后牧草再生达到可以再次利用的时间。一般为 25～40 d，草甸为 25～30 d，草原为 30～35 d，荒漠草原为 40～50 d，南方草山草坡和人工草地 20~25 d。在第一轮牧周期内，因开始放牧的几个小区产草量还不高，第一放牧小区只能放牧 1.5~2.4 d，以后循序递增，第一轮牧周期每小区平均放牧天数以 4 d 为宜。

4. 轮牧频率

轮牧频率即放牧季内进行轮牧的次数。轮牧频率因草地类型而异，荒漠 1 次，荒漠草原 2~3 次，山地草甸和干草原 3 次，草甸草原 3~4 次，南方草地 5~7 次。轮牧频率小的地区通过增加补充分区的数目进行划区轮牧。

5. 轮牧小区设置

轮牧小区的外形一般以长方形为主，大面积草地可为正方形。另外也可根据自然地形确定不同形状，但尽可能利用山脊、河流、林带等天然屏障作为小区的边界。分区宽度可控制放牧密度，成年牛个体所占宽度为 1.5~2 m，1~2 岁小牛 1~1.25 m，1 岁以下牛犊 0.5~1 m。宽度可根据草地生产力作适当调整，茂盛的草地稍窄，贫瘠的草地稍宽。宽度确定后，再根据牛群数量确定分区长度，以长方形分区为例，长度约为宽度的 3 倍。通常，成年牛分区长度不超过 1000 m，犊牛不超过 600 m。轮牧小区到饮水点和畜舍的距离不宜过大，如怀孕后期母牛以 1~1.5 km 为宜，其他牛 2~2.5 km。各分区与饮水点和畜舍之间应设置牧道。

6. 草地围栏

划区轮牧时各小区之间应设置围栏。围栏的种类较多，一是种刺丝围栏，用水泥柱或三角铁作支架，用刺丝作横线组成（图 4-78）；二是电围栏，用低电伏脉冲器通电线组成；三是网围栏，将金属丝线编织成网直接架设；四是生物围栏，选择种植蔷薇科、豆科等带刺的灌木形成围栏；五是简易围栏，一些山区，就地取材，用树木搭建围栏，这种围栏使用年限不长，并需要时常检查、修补（图 4-79）。

图 4-78 刺丝围栏　　　　图 4-79 简易围栏

（三）混合放牧

混合放牧是指将两种或多种采食特性不同的家畜有计划地同时或相间放牧在同一草地上，如牛、羊混群放牧或先放牛后放羊。混合放牧可以充分利用草地，能有效提高草地利用率。进行混合放牧，单位面积草地的畜产品产量要高于单一放牧，家畜寄生虫病感染减少。混合放牧的家畜数量不应超过单一家畜数量总数的10%，否则可能出现过牧（图4-80）。

图4-80　混合放牧

（四）穿栏放牧

穿栏放牧是指容许幼畜通过隔栏间隙进入某一特定草地采食，而母畜不能进入的放牧方式，适于集约化草地放牧。用于仔畜穿栏放牧的草地通常播种高质量的多年生豆科植物或者高质量的一年生饲料作物，在放牧仔畜后，将母畜与仔畜同时放牧，使草地得到充分利用，然后再将家畜移到下一组小区放牧。

（五）系留放牧

系留放牧是指将家畜用绳索系留在一定草地上采食的一种放牧方式。种公畜、高产乳牛以及病、老家畜常采用这种放牧方式，放牧草地应为高产的天然草地或栽培的优良草地。系留放牧每天要移动4～5次，或者更多，较费劳力；但能够照顾到家畜的特殊需要，而且能够更充分地利用草地，又不会出现过牧。

四、草畜平衡调控

（一）载畜量

草地载畜量是指在一定放牧期内，一定草地面积上，在不影响草地生产力及保证家畜正常生长发育时，所能容纳放牧家畜的数量，这是衡量草场生产能力的一项重要指标。以草定畜，合理安排载畜量，是防止草场退化，保证草场资源可持续利用的重要措施。

影响载畜量的主要因素是牧草的种类、覆盖率、产量、质量、利用方式等。当实际放养的牲畜头数超过合理载畜量时，称为超载放养或超饱和放养。超载放养会影响牧草的正常生长、发育、繁殖，造成草场退化。

载畜量的计算公式为：

$$载畜量 = \frac{草地面积（hm^2）\times 单位牧草产量（kg/hm^2）\times 利用率（\%）}{家畜日食量（kg/d）\times 放牧天数（d）}$$

日食量是指家畜维持正常生长发育时，每天所需的饲草量。肉牛日食量（按干物质计）一般按照活体重的 2% 计算。

（二）载畜率

载畜率是指在一定放牧期内，一定草地面积上，草地实际放牧的家畜数量。这是根据家畜实际采食情况来衡量草地实际放牧家畜数量，是草畜平衡调控的一项重要指标。

$$载畜率 = \frac{草地面积（hm^2）\times 单位牧草产量（kg/hm^2）\times 采食率（\%）}{家畜日食量（kg/d）\times 放牧天数（d）}$$

（三）平衡调控

草畜平衡调控主要是对载畜率的调控，判断载畜率是否合适，生产上常以草地的植被情况和家畜的健康状况以及稳定状态来确定。

从草地的植被情况来观察，如载畜率合适，牧草生长发育正常，草层覆盖度较大，家畜践踏不重，土壤无侵蚀现象。如载畜率过大，草地植被退化，优良牧草减少，杂草及有害植物增多，土壤因家畜践踏引起侵蚀现象，此时应当适当减少放牧家畜的数量，或者适当减少家畜放牧时间。反之，如果放牧季节后期草地还留存过多牧草，则说明草地载畜率过低，此时应缓慢增加家畜数量，直至平衡。

从家畜健康状况来观察，如载畜率合适，则家畜体况良好，生产力高。如载畜率过大，则家畜体况不良，生产力下降。此时应当适当减少放牧家畜的数量，或者适当减少家畜放牧时间。反之，缓慢增加家畜数量，直至平衡。

第五章　黄牛的常用饲料及其加工调制技术

第一节　黄牛所需的营养物质

黄牛为了维持生存，并进行生长、生殖、生产等生命活动，必须要从外界摄取营养物质，这些营养物质包括蛋白质、脂肪、糖类、矿物质、维生素等，必须从饲料中获得。

一、蛋白质

蛋白质是由氨基酸组成的复杂有机化合物，由碳、氢、氧、氮4种元素组成，有些蛋白质还含有硫、磷、铁、锌等。蛋白质是生命的重要物质基础，维持黄牛正常的生命活动，修补和建造机体组织和器官，如肌肉、内脏、血液、神经、毛等都是由蛋白质为结构物质而形成的。蛋白质还是体内多种生物活性物质的组成部分，如酶、激素、抗体都是以蛋白质为原料合成的。此外，蛋白质还是形成牛产品的重要物质，如肉、乳等主要成分都是蛋白质。

饲料中蛋白质缺乏，可以造成黄牛生长迟缓、体重减轻、消化能力下降、生产性能下降、抗病力减弱、繁殖功能减退等。饲料中蛋白质过多，牛体可以调节，将多余的氮排出体外，并可通过碳链作能量利用；但长期的、大量的过剩，则会引起代谢紊乱，导致中毒。因此，配制黄牛日粮时，必须掌握黄牛不同生命活动（如产肉、妊娠、泌乳等）的蛋白质需要量，过少，影响生产性能；过多，不仅造成浪费，还会产生危害。

牛为反刍动物，其瘤胃微生物可通过降解饲料中的蛋白质来合成微生物蛋白，还能利用饲料中的非蛋白氮作为氮源用于合成。非蛋白氮有尿素及其衍生物、肽类及其衍生物、有机胺及无机胺等。生产上，常通过利用尿素来补充黄牛蛋白质需要，1 g 尿素相当于 2.9 g 蛋白质，与 6.8 g 豆饼所含蛋白质相当，尿素是蛋白质饲料缺乏的地区黄牛补充蛋白质的有益物质。

二、脂肪

脂肪是组成机体的必要成分，是动物体内储存能量的重要方式。脂肪能为机体提供能量，其氧化产生的能量约为同质量糖类的 2.25 倍。脂肪还是脂溶性维生素的载体，如维生素 A、维生素 D、维生素 E 和维生素 K 等。此外，脂肪也是形成牛产品的重要物质，如肉、乳等。

三、糖类

糖类由碳、氢、氧三种元素组成，为生物体维持正常的生命活动提供能量。黄牛需要的能源来自于糖类、蛋白质和脂肪，而糖类是主要能源。这些主要能源是从饲料中糖类（如粗纤维、淀粉等）在瘤胃中的发酵产物——挥发性脂肪酸中取得的。糖类不仅是营养物质，还具有一些特殊的生理活性，如肝脏中的肝素有抗凝血作用，血型中的糖与免疫活性有关等。

四、矿物质

矿物质是维持体组织、细胞代谢和正常生理功能的所必需的营养物质，它广泛存在于肌肉、骨骼、血液、皮肤、体液、消化液等各种组织器官中，参与机体几乎所有的生命活动。比如，组成骨骼和牙齿；参与神经、肌肉兴奋性的传递与调节；作为酶和辅酶的组成成分，参与糖类、脂肪、蛋白质的代谢及其他多种生命过程；作为血液和体液的成分，参与其酸碱度和渗透压的调节；参与激素对各种生命活动的调节等。

矿物质元素可分为常量元素和微量元素，常量元素指动物机体中存在的浓度大于 100 mg/kg 的矿物质，包括钙、磷、镁、硫、钾、钠与氯等；微量元素指动物机体中存在的浓度小于 100 mg/kg 的矿物质，包括铜、铁、碘、锰、锌、硒、钴等。

矿物质大部分存在于骨骼和牙齿中，其余分布于各个组织，参与维生素、酶和激素的组成，维持体液的渗透压和酸碱平衡，调节机体新陈代谢。矿物质缺乏，会影响到黄牛的生命活动；矿物质过量，则会造成危害或引起急性中毒（表 5-1）。

表 5 - 1   主要矿物质

名称	作用与功能	维持需要量	缺乏症
钙	组成骨骼、牙齿，参与凝血、肌肉和神经兴奋的调节。	每 100 kg 体重 6 g	犊牛佝偻病，成牛软骨病和骨质疏松症。
磷	组成骨骼、牙齿，参与血液、体液、消化液酸碱度的调节、能量和脂肪代谢。	每 100 kg 体重 4.5 g	关节僵硬、生长缓慢和繁殖障碍。
钠	参与肌肉和神经的调节，参与膜主动运输。	每 100 kg 体重 5 g（钠和氯）	食欲下降，生长缓慢、减重，泌乳下降，皮毛粗糙，繁殖功能下降。
氯	组成胃液中的盐酸，促进消化和吸收。	每 100 kg 体重 5 g（钠和氯）	食欲下降，生长缓慢、减重，泌乳下降，皮毛粗糙，繁殖功能下降。
镁	组成骨骼、牙齿，参与糖、蛋白质代谢，维持肌肉传导功能。	占日粮比重，幼牛 0.07%，乳牛 0.2%	痉挛（过量：腹泻）。
硫	组成含硫氨基酸，组成维生素 B_1、生物素、胰岛素、辅酶 A 等。	占日粮（干物质）0.2%	消化率低，增重慢（过量：物质食入量减少，急性硫中毒）。
钾	维持渗透压、神经和肌肉正常功能，参与酶反应、水盐代谢和酸碱平衡，参与膜主动运输。	占日粮（干物质）0.8%	体重下降，异食癖，被毛粗糙，血浆钾下降。
铁	组成血红蛋白、肌红蛋白、细胞色素等及若干酶体系。	成年牛 75 mg/kg 日粮，犊牛 100 mg/kg 日粮	贫血。
铜	组成血红蛋白、血浆铜蓝蛋白和血细胞血红蛋白等，通过组成酶和辅酶参与机体代谢。	6～12 mg/kg 日粮干物质	腹泻，贫血，生长不良，骨骼异常，神经受损，共济失调，生殖紊乱（过量：铜中毒）。

续表

名称	作用与功能	维持需要量	缺乏症
钴	组成维生素 B₁₂，通过酶类参与蛋白质和糖类代谢。	0.1～0.2 mg/kg 日粮干物质	食欲不佳、贫血、犊牛或育成牛生长停滞。
碘	组成甲状腺激素，参与机体的基础代谢。	0.8～1.2mg/kg 日粮干物质	甲状腺肿大，基础代谢率降低，犊牛生长缓慢、骨架小，成年牛性周期紊乱，孕牛流产、死胎、弱犊。
硒	组成谷胱甘肽过氧化物酶、细胞色素 C 等，增强抗病力，促进机体免疫抗体的产生，维持精子生成，降低重金属盐的毒性。	0.1～0.3 mg/kg 日粮干物质	犊牛生长受阻，心肌和骨骼肌萎缩，肝脏病变、出血、水肿，白肌病、贫血、腹泻，母牛受胎率低、流产、胎衣滞留等。
锌	为胰岛素和多种辅酶的组成成分或激活剂，参与糖类代谢、蛋白质合成、核酸代谢等，提高免疫力。	30～50 mg/kg 日粮干物质	食欲减退，饲料利用率降低，生长受阻，皮下组织受损，睾丸发育受阻，精子生成停止等。

五、维生素

维生素是维持动物正常生长、繁殖、产肉、产奶等生命活动的需要，不构成机体组织结构，但参与机体的代谢和调节。黄牛所需的各种维生素来自于天然饲料以及瘤胃和体内组织的合成。维生素分脂溶性维生素和水溶性维生素，脂溶性维生素包括维生素 A、维生素 D、维生素 E、维生素 K，水溶性维生素包括维生素 C 和 B 族维生素。B 族维生素和维生素 K 可以在瘤胃中合成，维生素 C 则在组织中合成。

黄牛维生素缺乏会出现该维生素的缺乏症，导致生长迟缓、繁殖异常等。维生素缺乏的原因是饲料中缺少某种维生素，或者出现拮抗因子使维生素遭到破坏，不能利用（表5-2）。

表5-2　　　　　　　　　　　　　　　　主要维生素

名称	作用与功能	缺乏症
维生素 A	维持正常视觉、骨骼生长以及繁殖和泌乳，维持皮肤、黏膜和生殖上皮的完整性。	干眼症、夜盲症，皮肤粗糙，生殖紊乱，皮肤、黏膜、腺体和气管上皮受损，抵抗力下降，易感冒、腹泻等。
维生素 D	促进钙磷吸收，调节体液与骨平衡。	犊牛佝偻病，成牛软骨病。
维生素 E	抗老化，抗氧化，维护红细胞及外周血管系统、骨髓、肌肉的功能，促进激素的分泌，改善生殖功能，与硒协同。	与硒缺乏症相似，引起营养性脑软化、白肌病、渗出性素质等。
维生素 K	参与凝血，参与骨骼钙化，利尿，强化肝脏，降血压等。	凝血时间延长，血液凝固不良，感觉过敏，贫血，厌食，衰弱等。
叶酸	参与多种氨基酸、嘌呤等的合成、转化，与维生素 B_{12} 和维生素 C 一起参与红细胞、血红蛋白、免疫球蛋白的生成。	细胞分裂和成熟不完全，易患巨幼细胞性贫血、腹泻、生长发育受阻、肝脏功能不全等疾病。
维生素 C	参与细胞间质的生成及体内氧化还原过程，解毒，促进铁的吸收。	牙周病、皮肤病，分泌功能紊乱，机体抵抗力下降。

第二节　黄牛的常用饲料

　　黄牛的常用饲料有青绿多汁饲料、粗饲料、能量饲料、蛋白质饲料、矿物质饲料、维生素饲料和饲料添加剂等。生产上，应从原料选购、配方设计、加工、饲喂等过程进行质量控制，并实施动物营养调控，从而控制可能发生的产品公害和环境污染，实现养殖过程生态化。

一、青绿多汁饲料

青绿多汁饲料是指天然水分含量在60％以上的青绿多汁性植物饲料。青绿多汁饲料常含水量都很高，达到70％～90％；蛋白质含量较高，品质较好，按干物质计算，禾本科牧草粗蛋白含量高达15％，豆科牧草高达24％；维生素含量丰富，特别是维生素 A 源（胡萝卜素）达50～80 mg/kg；矿物质含量也比较多，是牛体所需矿物质的良好来源。

（一）天然牧草

包括禾本科、豆科、菊科和莎草科四大类。总的来说，豆科营养价值较高。天然牧草的利用方式主要是放牧，也可刈割利用、晒制干草和青贮（表5-3、图5-1）。

表5-3	天然牧草干物质营养含量		单位:％
种类	粗蛋白	粗纤维	粗脂肪
禾本科	10～15	30	2～4
豆科	15～20	25	2～4
菊科	10～15	25	5
莎草科	13～20	25	2～4

（二）栽培牧草

栽培牧草是指人工播种栽培的产量高、营养价值好的牧草，是黄牛青绿饲料的主要来源。栽培较多的豆科牧草有紫花苜蓿、三叶草、草木樨、沙打旺、紫云英、红豆草等，禾本科牧草有黑麦草、苏丹草、无芒雀麦、象草、羊草、鸭茅、披碱草、苇状羊茅、老芒麦、皇竹草、牛鞭草等（表5-4、表5-5）。

表5-4	部分豆科牧草干物质营养含量				单位:％
品种	粗蛋白	粗脂肪	粗纤维	无氮浸出物	粗灰分
紫花苜蓿	21.01	2.47	23.77	36.83	8.47
红三叶	17.1	3.6	21.5	47.6	10.2
白三叶	24.7	2.7	12.5	47.1	13
沙打旺	17.27	3.06	22.06	49.94	7.66
紫云英	22.27	4.79	19.53	33.54	7.84
红豆草	15.12	1.98	31.5	42.97	8.43

表 5 - 5		部分禾本科牧草干物质营养含量			单位:%
品种	粗蛋白	粗脂肪	粗纤维	无氮浸出物	粗灰分
多年生黑麦草	17	3.2	24.8	42.6	12.4
无芒雀麦	15.6	2.6	36.4	42.8	12.6
羊草	13.35	2.58	31.45	37.49	5.19
老芒麦	13.9	2.12	26.95	34.56	9.12
披碱草	14.94	2.67	29.61	41.36	11.42
苇状羊茅	15.4	2	26.6	44	12
象草	10.58	1.97	33.14	44.7	9.61
鸭茅	12.7	4.7	29.5	45.1	8

（三）青饲作物

青饲作物是指农田栽培的农作物或饲料作物，在结实前或结实期收割作为青绿饲料，常见的有青刈玉米、青刈大麦、青刈燕麦等。青刈作物可以直接饲喂，也可用于调制干草或青贮，是黄牛青绿饲料的一个重要来源。

1. 青刈玉米

玉米是用得最为普遍的青饲作物，其植株高大、生长迅速、产量高、含糖量高、维生素含量丰富、饲用价值高。通常在吐丝到蜡熟期分批刈割。青刈玉米适口性好，消化率高，营养价值远高于收获籽实后的秸秆。我国已经培育出一些饲料用专用玉米新品种，每公顷鲜草产量高的可达100 余吨（图 5 - 1、图 5 - 2）。

图 5 - 1　青刈玉米

图 5 - 2　玉米青贮

2. 青刈大麦

大麦有较强的再生性，分蘖能力强，及时刈割后可收到再生草，也是一种很好的青饲作物。一般在拔节至开花期分批刈割，延迟刈割则品质迅速下降。

3. 青刈燕麦

燕麦叶多茎少、叶片宽长、柔嫩多汁、适口性好，是很好的青刈饲料。一般在拔节至开花时刈割。

（四）树叶类饲料

生产上，常用产量较高、营养价值好、适口性好的树叶作为黄牛的青绿饲料，如刺槐叶、紫穗槐叶、桑叶、泡桐叶、苹果叶、橘树叶等。

（五）其他饲料

叶菜类饲料如苦荬菜、聚合草、甘蓝等；水生植物如水浮莲、水葫芦、水花生、绿萍、水芹菜、水竹叶等。

二、粗饲料

粗饲料是指干物质中粗纤维含量在18%以上的饲料，包括干草、秸秆、秕壳等。粗蛋白含量差异较大，为3%～19%；因粗纤维含量高且含有较多的木质素，粗饲料消化率较低；维生素D含量丰富，其他维生素含量低。

1. 干草

干草是指青绿饲料在尚未结籽以前刈割，经过日晒或人工干燥而成的，较好地保留青绿饲料的养分和绿色的饲料。粗蛋白含量，禾本科牧草7%～13%，豆科牧草10%～21%。

2. 秸秆

秸秆是指农作物收获籽实后的茎秆、叶片等，其粗纤维含量高达30%～45%。包括玉米秸、麦秸、稻草、豆秸等。我国秸秆产生量很大，如果没有进行利用，会造成环境污染。通过秸秆养牛过腹还田，既能解决黄牛饲料来源，又能减少秸秆焚烧带来的环境污染。秸秆虽然营养价值较低，但通过采取适当的补饲措施（如补饲青饲料、精料、尿素、矿物质等），并进行加工调制（如氨化、碱化等），可提高其消化率和利用率（图5-3、图5-4）。

图5-3　玉米秸秆　　　　　图5-4　玉米秸秆加工产品

3. 秕壳

秕壳是指籽实脱离时分离出的夹皮、外皮等。营养价值一般略高于同一作物的秸秆，但稻壳和花生壳价值差。秕壳包括豆荚、谷类皮壳、棉籽壳等。

三、能量饲料

能量饲料是指干物质中粗纤维含量小于18%、粗蛋白含量小于20%的饲料，包括谷实类、糠麸类和油脂类。

（一）谷实类

谷实类为禾本科作物的籽实类，如玉米、大麦、小麦、高粱等，是动物能量的主要来源。

1. 玉米

玉米淀粉含量高，可消化能含量达到14 MJ/kg，被誉为"饲料之王"，是黄牛精饲料中最主要的能量来源。粗脂肪含量低，约为4%。粗蛋白含量只有8%～10%，黄牛必需的赖氨酸、蛋氨酸和色氨酸含量低，因此应与饼粕等蛋白质饲料搭配使用。此外，玉米矿物质少，不能满足黄牛的生长需要，需要在日粮中加以补充。玉米贮存时含水量应控制在14%以下，否则易发霉。在饲喂效果上，蒸汽压片玉米比粗粉玉米好，粗粉玉米比细粉玉米好。

2. 大麦

大麦粗蛋白含量为11%～13%，而且品质好，赖氨酸含量高出玉米1倍。大麦可消化能含量为13～13.5 MJ/kg，略低于玉米。大麦是肉牛理想的能量饲料，不仅能够提供能量，还能改变牛肉品质，用大麦育肥的黄牛，胴体脂肪洁白、硬实，是理想的优质肉。饲喂黄牛时，大麦不要细磨，压扁和粗粉碎即可。

3. 小麦

小麦是营养价值较高的能量饲料，其脂肪含量 1.8%，蛋白含量 12.1%，可消化能含量为 13.2 MJ/kg，必需氨基酸、B 族维生素含量较高。在黄牛混合精料中，小麦用量不宜超过 50%。饲喂时，以压片效果最佳。

4. 高粱

高粱籽实含有 70% 左右的糖类、3.4% 的脂肪和 9% 的粗蛋白，牛的可消化能值为 13 MJ/kg。矿物质除铁以外，其他均偏低。蛋白质品质较差，一些必需氨基酸含量低，且含有 0.3% 左右的单宁，可以抑制蛋白质在瘤胃中的降解。黄牛混合精料中，适用量为 10% 左右，不要超过 20%。高粱与玉米等其他能量饲料配合使用，可以获得较好的效果。

（二）糠麸类

糠麸类为各种粮食加工副产品，如小麦麸、米糠、玉米麸料、大豆皮等。

1. 小麦麸

小麦麸是以小麦籽实为原料加工面粉后的副产品。粗蛋白含量为 14%～15%，粗脂肪含量为 3.9%，粗纤维含量为 8.9%，牛的可消化能值为 11.8 MJ/kg。矿物质与微量元素含量较高，其中锰和锌含量丰富。麦麸质地膨松，适口性好，在日粮中可占 10% 左右。

2. 米糠

米糠为稻谷加工糙米时分离出来的皮糠层及部分胚芽等，其粗蛋白含量为 12.8%，粗脂肪含量为 16%，粗纤维含量为 5.7%，牛的可消化能值为 14.2 MJ/kg。米糠适口性较好，但会影响牛肉品质。脂肪中不饱和脂肪酸较多，易氧化变质，不宜久存。牛精料中，米糠用量可达 20%。

3. 玉米麸料

玉米麸料又称玉米蛋白，是以玉米为原料加工玉米油后的副产品，由玉米湿法预处理的浸出液、取油后的玉米胚芽饼（粕）及玉米皮组成。其粗蛋白含量为 19.6%，粗脂肪含量为 7.5%，粗纤维含量为 7.8%，牛的可消化能值为 13.6 MJ/kg，是蛋白质含量较高的能量饲料。

（三）油脂类

油脂类，即以动物、植物、鱼类或其他有机物为原料经压榨、蒸煮、合成等工艺制成的饲料，如各种动物油脂、植物油脂、玉米胚芽油脂、脂肪酸钙皂等。油脂类含能量高，用于补充日粮中能量的不足。由于黄牛瘤胃微生物的原因，不宜直接饲喂油脂，需加工成皂化、氢化产品。在牛饲料中严禁使用动物油脂。

四、蛋白质饲料

蛋白质饲料是指干物质中粗纤维含量在 18% 以下、粗蛋白含量在 20% 以上的饲料，包括植物性蛋白质饲料、动物性蛋白质饲料、单细胞蛋白饲料和非蛋白氮化合物。在牛饲料中禁止使用动物性蛋白饲料。

(一) 植物性蛋白饲料

1. 大豆饼（粕）

大豆饼（粕）是以大豆为原料的加工副产品。其粗蛋白含量，大豆饼为 40.9%，大豆粕为 46.8%，蛋白质品质较好，富含黄牛必需的氨基酸，尤其是赖氨酸含量高，但蛋氨酸含量低。牛的可消化能值为 18 MJ/kg。大豆饼（粕）是补充黄牛日粮中蛋白质的好饲料，甚至可替代犊牛代乳料中的部分脱脂乳。

2. 棉籽饼（粕）

棉籽饼（粕）是以棉籽为原料经脱壳、去绒或部分脱壳取油后的副产品。其粗蛋白含量为 42.5%，蛋白质品质不太理想，精氨酸含量高，蛋氨酸不足。牛的可消化能值为 16 MJ/kg。棉籽饼（粕）中含有游离棉酚，黄牛较长时间每天采食 8 kg 以上，会导致中毒。犊牛日粮中一般不超过 20%，种公牛不超过 30%，短期强度育肥架子牛一般不超过 60%。

3. 菜籽饼（粕）

菜籽饼（粕）是以油菜籽为原料加工取油后的副产品。其粗蛋白含量，菜籽饼为 36.3%，菜籽粕为 38.6%，蛋白质品质较好，富含黄牛必需的氨基酸。牛的可消化能值为 15～16 MJ/kg。硒含量是黄牛常用植物性饲料中最高者，钙磷含量也较高。菜籽饼（粕）含有硫葡萄糖苷、芥酸等有毒成分，在黄牛日粮中不宜单独使用，应与其他饼（粕）类饲料搭配。

4. 花生饼（粕）

花生饼（粕）是以脱壳后的花生为原料，加工取油后的副产品。花生饼粗蛋白含量为 44.7%，与大豆饼相比，其粗蛋白含量高，但在氨基酸组成中，除精氨酸含量较高之外，其他均低。从必需氨基酸组成来看，花生饼仍然是黄牛较好的蛋白质饲料。牛的可消化能值为 17～19 MJ/kg。

由于花生饼（粕）极易感染黄曲霉，禁止饲喂犊牛。

5. 亚麻饼（粕）

亚麻饼（粕）是以亚麻籽为原料，加工取油后的副产品。亚麻饼粗蛋白含量为 32.2%，稍低于菜籽饼，氨基酸组成中除赖氨酸含量较低之外，其他相近。牛的可消化能值为 16 MJ/kg。由于亚麻中含有亚麻苦苷，黄牛采食过多，会引起中毒，因此，在黄牛日粮配制中应与其他饼（粕）类搭配使用。

（二）单细胞蛋白饲料

单细胞蛋白饲料主要包括酵母、真菌及藻类，以饲用酵母最具代表性。饲用酵母是酵母菌属微生物以酿造、造纸、淀粉、糖蜜和石油等工业的副产品或废弃物为原料，经过液体或固体通风发酵培养，分离、干燥后生成的蛋白质饲料。其蛋白质含量高，达到 40%～60%。氨基酸组成中，赖氨酸含量很高，而蛋氨酸含量低。B 族维生素含量高，矿物质中磷、钾含量高。由于酵母中含有少量嘌呤碱和嘧啶碱，影响血液中尿酸水平，对黄牛有害，因此，在配制黄牛日粮时应限量使用，即饲用酵母替代日粮蛋白质用量应低于 25%。

（三）非蛋白氮饲料

非蛋白氮是指非蛋白质的含氮物质，如尿素、双缩脲及铵盐等。牛瘤胃中的微生物能将这些非蛋白氮合成微生物蛋白，之后在肠道消化酶的作用下被牛体消化利用。

尿素是一种常用的非蛋白氮，含氮 46%，1 kg 的尿素的含氮量相当于 6.8 kg 含粗蛋白 42% 的豆饼。尿素的用量为每千克体重 15～20 g。尿素使用不当会引起致命性的中毒，使用时应注意：由于 6 月龄以下小牛瘤胃没有发育完全，日粮中不能使用尿素；尿素不可单喂，应与精料、谷物、青贮料等混合后饲喂，禁止将尿素溶于水中饮用；不能将尿素与大豆或含尿酶高的大豆粕同时使用；尿素使用时应有 15 d 以上的适应期，用量逐渐增加。

五、矿物质饲料

矿物质饲料是牛日粮构成中数量较少而又必不可少的一些无机化合物。

（一）食盐

食盐是配合饲料中不可缺少的矿物质，黄牛主要采食植物性饲料，每天摄入的钠和氯不能满足其营养需要，必须进行补充。牛日粮中一般添加 0.5%～1%，配置精料时添加 1%～3%。

（二）钙和磷

钙和磷是黄牛需要的大量元素，其需要量往往多于骨骼生长、产乳等对矿物质的需求。天然饲料中虽然含有，但大多数不够全面，如青绿饲料与粗饲料富含钾、钙、磷，缺钠、氯；多汁饲料缺钙、磷、钠、氯；籽实类及其副产品富含磷，但缺钙。因此，在日粮中需要进行补充。常用的补充料有石粉、碳酸钙、磷酸氢钙、磷酸氢钠、磷酸氢二钠等。

（三）其他矿物质

生产上，通常用氧化镁、碳酸镁、硫酸镁、氯化钾、硫酸钾、硫酸铜、氧化锰、硫酸锌、氧化锌、碘化钾、氯化钴、钼酸钠等补充相应的矿物质。

六、维生素饲料

维生素饲料是指工业提纯或合成的饲用维生素制剂，如胡萝卜素、硫胺素、维生素 A、维生素 D 等的单体，不包括富含维生素的青绿饲料。

七、饲料添加剂

饲料添加剂是指在配合饲料中加入的各种微量成分，包括营养性添加剂和非营养性添加剂。其作用是完善饲料的营养性，促进黄牛生长和疾病预防，减少饲料贮存期间的营养损失，改善产品品质。

（一）营养性添加剂

1. 微量元素添加剂

主要是补充黄牛饲粮中微量元素的不足，有铁、铜、锰、锌、碘、硒、钴等。

2. 维生素添加剂

成年黄牛体内能合成维生素 K、维生素 C 和 B 族维生素，一般不需额外添加，但犊牛瘤胃功能等还不健全，需要添加。维生素 A、维生素 D 和维生素 E 在体内不能合成，需要添加。常用的维生素添加剂有维生素 A、维生素 D、维生素 E、维生素 B_1、维生素 B_2、维生素 B_6、维生素 B_{12}、氯化胆碱、烟酸、泛酸、叶酸、生物素等。

3. 氨基酸添加剂

蛋白质由 22 种氨基酸组成，黄牛最关键的限制性氨基酸有 5 种，即赖氨酸、蛋氨酸、色氨酸、精氨酸、胱氨酸，需要进行添加，赖氨酸和蛋氨酸是目前应用最多的氨基酸添加剂。

4. 非蛋白氮

黄牛瘤胃微生物可将非蛋白氮分解成氨和二氧化碳，微生物利用氨合成微生物蛋白质，微生物蛋白质成为黄牛蛋白质营养的重要组成部分。可供黄牛利用的非蛋白氮主要有尿素（含氮46.65%）、氨（含氮82.25%）、缩二脲（含氮40.77%）、磷酸脲（含氮17.7%）、异丁叉二脲（含氮32.1%）、硫酸铵（含氮21.2%）、碳酸氢铵（含氮17.7%）等。

（二）非营养性添加剂

1. 促生长添加剂

促生长添加剂属于抗生素类，其作用机制在于抑制黄牛消化道内病原微生物的滋长，既能避免有害微生物对营养物质的争夺和破坏，又能避免或减少有害微生物产生毒素，从而达到促进黄牛生长的效果。因其会干扰成年牛瘤胃微生物并在牛肉中残留，一般用于犊牛。

2. 防霉、防腐添加剂

防霉、防腐添加剂的主要成分为有机酸和有机酸盐，这些有机酸和有机酸盐能降低饲料的pH值，抑制微生物生长，从而防止饲料霉变。常用的防霉、防腐添加剂有丙酸、山梨酸、甲酸、苯甲酸等酸及其盐类。

3. 抗氧化剂

在温度、光照、潮湿或金属离子的作用下，饲料中的有效成分特别是维生素、脂肪等，容易被氧化，从而降低饲料营养价值。防止或延缓饲料有效成分被氧化的添加剂有二丁基羟基甲苯、丁基羟基茴香醚、没食子酸丙酯、乙氧基喹啉等。

4. 防结块剂

多用于预混料，其作用是防止饲料结块，增进流动性。常用的有硅藻土、高岭土、二氧化硅等，其主要成分为二氧化硅，具有多孔、轻质、吸水的特性，并不被黄牛消化和吸收。

5. 黏结用饲料添加剂

主要用于颗粒饲料、干草饼和尿素舔砖等，其作用是增加饲料的固结性。常用的有膨润土、磺酸木质素、羧甲基纤维素钠等。

6. 抗应激饲料添加剂

黄牛受到外界异常刺激如运输、转群、高温、寒冷、手术、免疫注射等，往往会产生非特异性反应，严重影响黄牛的健康和生产性能。目前已开发的抗应激饲料添加剂有维生素 C、维生素 E、氯化氨、碳酸氢钠、铬等，其中铬产品有吡啶羧酸铬、吡啶甲酸铬、酵母铬以及铬的螯合物如蛋氨酸铬、盐酸铬等。

第三节　粗饲料加工调制技术

一、青贮饲料加工调制技术

青贮饲料，就是把可饲用的青绿植物或农副产品等，放在密闭的青贮设施（青贮窖、青贮壕、青贮袋等）中，通过乳酸菌等微生物的发酵而实现长期保存的一种饲料。

（一）青贮饲料常用制作方法

1. 青贮窖（壕）青贮

第一步：青贮窖（壕）建设。选在地下水位低、干燥和容易排水的地方，用混凝土建成，底部和周围墙体要求光滑、坚固、不透气。每立方米可贮存青饲料 450～700 kg。生产上要多建几个青贮窖壕以便交替使用。青贮窖壕的大小应根据牛场养殖规模以及青贮量来确定，青贮壕更利于大规模机械化作业（图 5-5、图 5-6）。

图 5-5　地上式青贮壕　　　　　　图 5-6　地下式青贮壕

第二步：调节水分含量。一般青贮饲料的调制，适宜含水量为 65%～75%。刚刈割的牧草水分含量较高，可稍加晾晒或加入干草、干秸秆等以降低水分含量。青贮原料水分的测定，可将铡碎的原料抓在手中握成团，再慢慢松开，若草团慢慢散开，无汁液或渗出很少汁液，含水量则在 70% 左右（图 5-7）。

图 5-7　检测原料水分

第三步：切碎。用铡草机等设备将牧草铡成 2～3 cm 长（图 5-8、图 5-9）。

图 5-8　铡草机在青贮壕内切碎

图 5-9　铡草机在青贮壕外切碎

第四步：装填与压实。原料要逐层平排装填，同时踩紧，或用链轨拖拉机镇压，以排除空气（图 5-10、图 5-11）。

图 5-10　装填

图 5-11　镇压

第五步：密封。原料装填完毕后应立即用塑料布密封，然后在上面压一些重物（如废旧轮胎、沙袋等），要注意镇压物不能有锐角，以防顶破塑料布（图 5-12、图 5-13）。

图 5 - 12 密封后压沙袋等重物　　　　图 5 - 13 密封后覆土

2. 草捆青贮

用打捆机将含水量 70％左右的牧草压制成大圆草捆或方草捆，再用裹包机将草捆用专用青贮膜裹包即可。要注意保护青贮膜，防止破漏（图 5 - 14）。

3. 地面堆垛青贮

选在地势高燥的砖地或混凝土地面，用土堆围一圈 20～30 cm 的防水圈，再铺上厚农膜，然后将切碎的青贮原料堆上并分层压实，最后密封即可（图 5 - 15）。

图 5 - 14 草捆青贮　　　　　　图 5 - 15 地面堆垛青贮

4. 塑料袋青贮

选用厚 0.8～1 mm 的聚乙烯无毒塑料薄膜，根据实际需要制成筒式袋，将切碎的青贮原料装入塑料袋，边装填边用人力压实，最后用绳子把袋口扎紧即可。此方法灵活方便，原料多则多贮、少则少贮。但要注意粗硬的原料容易刺破塑料袋，需要用揉碎机揉碎之后再进行。

（二）青贮饲料品质鉴别

青贮饲料分好、中、坏三个等级，若被评定为"坏"等级则不宜饲喂黄牛（图 5 - 16、图 5 - 17）。青贮饲料品质鉴定标准见表 5 - 6。

表 5-6　　　　　　　　　　　　　青贮饲料品质鉴定标准

等级	色泽	气味	质地
好	青绿色或黄绿色	较浓酸味、果实味或芳香味，气味柔和	柔软，略带湿润
中	黄褐色或暗褐色	酒精味或醋味，芳香味较弱	柔软稍干或水分稍多
坏	暗色、褐色、黑色或墨绿色	刺鼻臭味	黏结成块或干燥粗硬

图 5-16　优质青贮饲料　　　　　图 5-17　劣质青贮饲料

（三）青贮饲料的利用

1. 取料

青贮饲料在密封发酵 30～50 d 后即可利用。开封前应在开口端清除盖土和镇压物等，以免污染饲料。然后将覆盖薄膜以及腐败的草层部分掀去，直至露出好的青贮饲料。取料时要求分段开窖，从上至下，分层取用，取后封严（图 5-18、图 5-19）。

图 5-18　青贮料取料　　　　　图 5-19　取料后要封严

2. 饲喂

青贮饲料经过 7～10 d 的训饲后即可正常饲喂，训饲的方法是在牛饥饿时光喂青贮饲料，先少后多，然后再喂其他草料；或将青贮料与精料混合后先喂，然后再喂其他饲料；或将青贮料与草料拌匀后同时饲喂。

通常，每 100 kg 体重日喂量为成年育肥牛 4～5 kg，成年役牛 4～4.5 kg，种公牛 1.5～2 kg。

二、微贮饲料加工调制技术

微贮饲料，就是在农作物秸秆中加入微生物高效活性菌种——秸秆发酵活干菌，放入密闭的容器（水泥窖、土窖、塑料袋等）中，经过一定的发酵过程使农作物秸秆变成具有酸香味、草食家畜喜食的一种饲料。

（一）微贮饲料常用制作方法

1. 水泥窖微贮

第一步：水泥窖建设。可参照青贮窖建造，每立方米可容纳干秸秆 200～300 kg（图 5‐20）。

第二步：秸秆切碎。用铡草机等设备将秸秆铡成 3～5 cm 长，玉米秸秆应切碎（图 5‐21）。

图 5‐20　干稻草　　　　　图 5‐21　用铡草机切碎秸秆

第三步：菌种复合。秸秆发酵活杆菌每袋 3 g，可处理干秸秆 1 t 或青秸秆 2 t。先将菌剂倒入 2 kg 水中充分溶解，然后在常温下放置 1～2 h 使菌种复合。注意复合好了的菌剂一定要当天用完，切勿隔夜使用。

第四步：菌液配制。将复合好的菌剂倒入 0.8%～1% 的食盐水中拌匀，食盐、水、菌种的用量见表 5‐7。

表5-7		菌液配制			
秸秆种类	秸秆重量 /kg	菌种用量 /g	食盐用量 /kg	自来水用量 /L	贮料含水量 /%
稻麦秸秆	1000	3	9～12	1200～1400	60～70
黄玉米秸	1000	3	6～8	800～1000	60～70
青玉米秸	1000	1.5		适量	60～70

第五步：装窖。在窖底铺放 20～30 cm 厚的秸秆，均匀喷洒菌液，压实后再铺放 20～30 cm 厚的秸秆，再喷洒菌液并压实，如此反复直至装满。小型窖可选择人工踩实，大型窖可采用机械化作业，用拖拉机压实，用潜水泵喷洒菌液。在微贮麦秸和稻草时应加入 3‰ 左右的玉米粉或麦麸、大麦粉等精料铺料，以利于发酵初期菌种生长，其方法是铺一层秸秆，撒一层精料铺料，再喷洒菌液。微贮饲料的含水量是决定微贮饲料制作成败的重要因素之一，其适宜含水量为 60%～70%，因此，在装窖过程中要随时检查贮料含水量是否合适、均匀。含水量的检查方法是：抓取秸秆用双手扭拧，若无水下滴，松开手后看到手上水分很明显，水分含量即为 60%～70%，否则过高或过低（图 5-22、图 5-23）。

图 5-22　喷洒菌液　　　　　图 5-23　边装填边压实

第六步：封窖。秸秆分层装填直至高出窖口 50 cm，在最上层撒上食盐（250 g/m²），盖上塑料薄膜，再在上面铺放 20～30 cm 稻草或麦秸，覆土 15～20 cm，密封（图 5-24、图 5-25）。

图 5－24　用塑料薄膜密封　　　图 5－25　密封后覆土

2. 土窖微贮

选择地势高燥、土质硬、排水容易的地方，根据贮量挖一长方形窖，深度以 2～3 m 为宜。先在窖底部和周围铺上一层塑料薄膜，再按照上述水泥窖微贮的方法装窖并密封。

3. 塑料袋微贮

按照土窖微贮法选择好地点，挖一圆形窖，将制作好的塑料袋放入窖内，装入秸秆，分层喷洒菌液，压实后将塑料袋口扎紧并覆土。

（二）微贮饲料品质鉴别

1. 色泽

优质微贮玉米秸秆饲料呈橄榄绿，稻秸和麦秸呈金黄色。若呈褐色或墨绿色，则质量差。

2. 气味

优质微贮饲料除具有弱酸味外，还具有醇香味和果香味。若为强酸味，表明醋酸过多，这是由于水分过多和高温发酵造成。若有腐臭味、霉味则不能饲喂。

3. 质地

优质微贮饲料很松散，质地柔软湿润。若发黏甚至黏成块，或虽松散但粗硬干燥，都属于不良饲料。

（三）微贮饲料的利用

1. 取料

秸秆微贮饲料贮藏 21～45 d 即可利用，气温高时间则短，气温低时间则长。开封前应在开口端先清除上边覆盖的土层和草层，然后再揭开塑料薄膜，从上到下逐段取用。每次取料量以当天喂完为宜，每次取完后都要立即封严。

2. 饲喂

微贮饲料可与其他草料搭配，也可与精料同喂。开始饲喂时应循序渐进，逐渐增加喂量。一般情况下，成年育肥牛、育成牛每天可喂15～20 kg。

三、青干草加工调制技术

青干草，就是将在生长期的牧草、禾谷类作物、野生牧草等可饲用植物，收割后经过自然干燥或人工干燥，变成能贮藏、不变质的干燥饲草。

（一）青干草常用制作方法

1. 自然干燥法

第一步：牧草收割。可采用人工收割或机器收割，豆科牧草在始花期收割，禾本科牧草在抽穗期收割（图5－26、图5－27）。

　　图5－26　人工收割　　　　　　　图5－27　机器收割

第二步：晒制。选择晴天收割牧草，并在田间干燥半天或一天，待牧草水分降到40%～50%时，将牧草集成草堆，或放到草架上干燥，直到水分降到17%以下即可贮藏（图5－28）。

图5－28　青干草晾晒

第三步：贮存。雨量少的北方地区多在露天存放，降雨多的南方地区须建草棚或堆草房存放。贮存方式主要有草垛和机械打捆两种，要注意防止暴晒、雨淋、霉变。贮草场所还要特别注意防火（图 5－29、图5－30）。

图 5－29　露天存放　　　　　　图 5－30　草棚存放

2. 人工干燥法

借助机械和加温的方法进行人工干燥，这种方法调制的干草品质好，但成本较高。

（二）青干草品质鉴别

1. 色泽

绿色越深，质量越好。若发黄，且有褐色斑点，则质量较差。

2. 气味

优质青干草具有浓郁的芳香味，若无香味则质量较差，若发霉变质有臭味则不能饲喂。

3. 质地

优质青干草柔顺、细碎，若粗糙发硬则质量较差。

4. 其他

植株叶片保留越多，质量越好。干草中杂草、枯枝、泥土等杂质越少，质量越好。

（三）青干草的利用

干草可作为黄牛周年利用的饲料，优质干草以喂长干草为宜，低质干草以打碎饲喂为好。豆科干草最好与禾本科干草混合饲喂。

四、全混合日粮加工调制技术

全混合日粮（TMR），就是按照营养需要设计的肉牛日粮配方，使用专用搅拌机械或人工方法，将粗料、精料、矿物质、维生素以及其他添加剂等日粮各组分均匀混合，供黄牛自由采食的一种营养平衡日粮。

（一）TMR 的制作方法

1. 机械制作

第一步：原料装填。立式 TMR 搅拌车的原料装填顺序为干草、青贮饲料、糟渣类和精饲料，卧式 TMR 搅拌车则为精饲料、干草、青贮饲料、糟渣类，通常适宜装载量为总容积的 60%～75%（图 5－31、图 5－32）。

图 5－31　卧式 TMR 搅拌机　　　　图 5－32　立式 TMR 搅拌机

第二步：原料混合。边投料边搅拌，在最后一批原料加完后再混合 4～8 min，搅拌后的日粮中长于 4 cm 的粗饲料应占日粮的 15%～20%。投料过程中要注意防止铁器、石块、包装绳等杂物混入（图 5－33）。

2. 人工制作

先将干草用铡草机铡成 2～3 cm 长，然后将青贮饲料、干草、糟渣类、精饲料多次掺拌，直至混合均匀（图 5－34）。

图 5－33　边投料边搅拌　　　　图 5－34　人工制作一定要搅拌均匀

（二）TMR 的效果评价

精饲料和粗饲料混合均匀，新鲜，质地柔软不结块，不发热，没有异味和异物。适宜含水量为 35%～45%，检查的方法是，将饲料用手抓紧后再松开，饲料松散不结块，没有水滴渗出，水分含量适宜（图 5-35、图 5-36）。

图 5-35　优质全混合日粮

图 5-36　肉牛喜欢采食

（三）TMR 的投喂方法

牵引或自走式 TMR 机使用专用机械设备自动投喂，固定式 TMR 混合机需要人工进行投喂。每天分早、晚投料两次，每次投料量为日饲喂量的一半，两次投料间隔内要翻料 2～3 次。投料后应尽可能延长在槽时间，以适应不同黄牛的采食行为（图 5-37、图 5-38）。

图 5-37　TMR 饲喂

图 5-38　饲养员要适时调配饲料

第六章　黄牛生态育肥技术

第一节　黄牛生长育肥规律

了解黄牛的生长育肥规律，是从事黄牛养殖的基础，是黄牛饲养管理的重要依据。

一、体重增长规律

胎儿在 4 个月以前生长速度缓慢，以后逐渐加快，分娩前的速度最快，胎儿的增重绝大部分是在母牛妊娠后期形成的。犊牛的初生重是肉牛生产的一个重要指标，会直接影响到以后的生长速度，与哺乳期日增重呈正相关。初生重与遗传、孕牛的饲养管理和怀孕时间长短有直接关系，因此，选择优良的品种、加强母牛妊娠期特别是妊娠后期的饲养，对提高犊牛初生重尤为重要。

犊牛出生后，在性成熟以前生长速度较快，性成熟以后生长速度变慢。在正常的饲养管理条件下，黄牛生长速度在 12 月龄以前很快，之后明显变慢，接近成熟时变得很慢，到了成年阶段生长基本停止。黄牛成年体重的 48％是在 1 周岁以前形成的，30％是在 1～2 周岁形成的，15％是在 2～5 周岁形成的。因此，在生产上应在黄牛生长速度较快的阶段给予充分饲养，在牛生长速度减慢后适时出栏，以获得最大的增重和效益。

二、体组织生长规律

黄牛在生长期间，其身体组织的生长速度是不同的。早期生长的重点是头、四肢和骨骼，中期是体长和肌肉，后期是体重和脂肪。一般而言，骨骼在体组织中比例随年龄的增长而持续下降，肌肉是先上升后下降，脂肪则是持续上升。

　　根据体组织生长规律，在肉牛生产上，应在不同的生长期给予不同的营养物质，对黄牛育肥有很好的指导意义。生长早期，应供给幼牛丰富的钙、磷以及维生素 A 和维生素 D，以促进骨骼的生长；生长中期，应供给丰富而优质的蛋白质饲料和维生素 A，以促进肌肉的生长；生长后期，应供给丰富的糖类饲料，以促进体脂肪的沉积，加快肉牛的育肥。

三、补偿生长规律

　　动物生长的某个阶段，因营养不足，生长速度下降，生长发育受阻。当恢复良好营养条件时，其生长速度比正常饲养的要快，经过一段时间的饲养后，仍能恢复到正常体重，这种特性称为补偿生长。根据这个规律，在黄牛养殖上，可进行"吊架子"饲养，对 1 岁以后的生长牛，冬季草料缺乏，可进行限量饲养，利用补偿生长来节省冬季昂贵的饲料，等到第二年春夏季就可采食丰盛的青草，能恢复到正常体重。牛在补偿生长期间增重快，饲料转化率高，由于饲养期延长，总的饲料消耗增加，达到正常体重时总饲料转化率则低于正常生长牛。

　　但要注意的是，不是任何生长受阻的牛都能通过补偿生长来恢复，如果在胚胎期和出生后 3 个月以内的牛生长严重受阻，以及长期营养不良，以后则不能得到完全补偿，即使在快速生长期（3～9 月龄）也很难进行补偿生长。

四、不同类型牛生长规律

　　黄牛的增重速度与性别有关，公牛增重最快，阉牛次之，母牛最慢，饲料转化率也以公牛最高，这是育肥牛选择的重要依据。

　　肉用品种牛较乳肉兼用型品种、役用型品种生长速度快，屠宰率高，肉质好。

　　肉用品种牛又可分为大型、中型和小型品种。一般而言，大型品种多晚熟，小型品种多早熟。在相同饲养管理条件下，如要饲养到相同的体重，大型品种较小型品种所需的时间短；如要饲养到相同的胴体等级，大型品种较小型品种所需的时间长（图 6-1、图 6-2）。

图 6-1 选肉用品种牛育肥

图 6-2 公牛增重速度快

第二节 影响黄牛育肥的因素

一、影响产肉能力的因素

黄牛的产肉能力包括育肥性能和产肉性能，这是黄牛育肥需要考虑的重要指标。了解影响黄牛产肉能力的因素，便于育肥期饲养管理，更好地提高产肉量和改进肉品质。

（一）品种

黄牛的品种是决定生长速度和育肥效果的首要因素。不同的品种，其产肉能力是不一样的，依次为肉用品种、乳肉兼用品种和役用品种。肉用品种不仅生长速度快、饲料报酬高、出栏时间短、屠宰率和胴体出肉率高，而且脂肪沉积均匀、大理石纹明显、肉品质好。在我国地方黄牛中，体形较大、肉用性能较好的有秦川牛、南阳牛、鲁西牛、晋南牛、延边牛。我国自己培育的肉用品种很少，肉牛育肥还是大量利用杂交牛，杂交牛无论生长速度、饲料利用率、产肉率，还是肉品质均超过本地黄牛（图 6-3、图 6-4）。

图 6-3 夏南牛

图 6-4 杂交牛

（二）性别

牛的性别对肉的产量和肉质有影响。有研究表明，胴体重、屠宰率和净肉率的高低顺序依次为公牛、阉牛、母牛。脂肪沉积能力则以母牛最快，阉牛次之，公牛最慢。母牛需要用作繁殖，一般只在淘汰后才进行育肥。用作育肥的一般是公牛和阉牛，喜欢吃肥牛肉的，选择阉牛；喜欢吃瘦肉的，选择公牛。

（三）年龄

黄牛的年龄与增重、饲料转化率、肉品质的关系很大。一般来说，年龄越大，增重速度越慢、饲料报酬越低。幼龄牛的肌肉肌纤维细、水分含量高、脂肪含量少，育肥可获得最佳品质的牛肉，而老龄牛结缔组织增多、肌纤维变硬、脂肪沉积减少，不易育肥。

黄牛在出生后第一年增重最快，第二年增重为第一年增重的 70%，第三年增重仅为第二年增重的 50%。青年牛增重的主要是肌肉、器官和骨骼，老年牛增重的主要为脂肪。因此，宜选择 1～2 岁的黄牛进行育肥（图 6-5）。

图 6-5　选择 1～2 岁的牛育肥

（四）营养状况

营养水平是提高产肉能力和改善肉品质的重要因素，营养水平的高低直接影响黄牛的生长、脂肪沉积、产肉量和肉品质。如果营养供给充足，黄牛增重就快，育肥度就好；反之，如果营养缺乏，增重就慢，育肥度就差。

不同阶段的牛，在育肥期间所要求的营养水平也不同。幼龄牛处于生长旺盛期，主要增重的是骨骼、肌肉和内脏，日粮中蛋白质含量应高一些；成年牛主要增重的是脂肪，日粮中的蛋白质含量应低一些，而能量水平则应高一些。

（五）环境温度

环境温度对育肥牛的营养需要和日增重影响较大。黄牛生长的适宜温度为 16～21 ℃。牛在低温环境中，为抵御寒冷，需增强代谢以维持体温。在高温环境中，呼吸次数增加，采食量下降，严重时会导致停食。一般情况下，春秋季节育肥效果好，此时气候温和，适宜肉牛生长。夏季气候炎热，牛食欲下降，蚊蝇多，不利于肉牛生长。冬季气候寒冷，饲料消耗多，育肥成本高。生产上，可进行季节性育肥，避开高温和低温季节。如果全年育肥，冬季要防寒保暖，夏季要防暑降温。

（六）出栏时间

肉牛育肥，达到出栏体重时间越短，经济效益就越高。一般情况下，当育肥牛脂肪沉积到一定程度后，其生活力下降，食欲减退，饲料转化率降低，日增重减少，如再继续育肥就不合算（图 6-6、图 6-7）。通常，年龄越小，育肥期越长，如幼牛需 1 年以上；年龄越大，育肥期越短，如架子牛需要 4～6 个月，成年牛仅需 3～4 个月。生产上，还可以根据育肥增重效果、饲料报酬和经济效益，研究肉牛最佳育肥出栏时间，对肉牛育肥具有很好的指导意义。李志才 2006 年报道，湖南西本杂最佳出栏期为 19 月龄，短本杂最佳出栏期为 24 月龄。

图 6-6　育肥应适时出栏

图 6-7　膘情良好的育肥牛

二、影响牛肉品质的因素

衡量牛肉品质的指标主要有肌肉色泽、风味、多汁性、嫩度、大理石花纹、脂肪颜色与质地、肌肉保水力、肌肉的 pH 值、肌肉脂肪含量、熟肉率、微生物、营养成分等，牛肉品质主要受以下因素的影响。

（一）品种

不同品种牛的肉品质差异很大，同一品种个体间的差别也很大。这种差别影响的肉品质指标有肌肉色泽、嫩度、大理石花纹和风味等。

(二) 性别

性别能够影响大理石花纹、嫩度、风味等肉品质指标，主要是由于遗传基因和性激素的作用引起的。

1. 大理石花纹

公牛不如阉牛和母牛，因为公牛沉积脂肪的能力较差，因此生产大理石花纹牛肉或雪花牛肉必须对公牛进行去势。

2. 嫩度

公牛的嫩度比阉牛和母牛差，阉牛又比母牛差，而阉牛中的公阉牛又比母阉牛差。去势能使肌纤维变细，嫩度增加。

3. 风味

公牛由于性激素的作用，具有特殊的膻味，影响到肉品质；雄激素会影响蛋白质的沉积，而减少脂肪合成，因此公牛的瘦肉率一般比阉牛和母牛都高。

(三) 屠宰年龄

屠宰年龄主要影响牛肉的嫩度、肌肉色泽、系水力、大理石花纹和风味等指标。

1. 嫩度

屠宰年龄是影响牛肉嫩度最重要的因素。由于低龄牛肉的胶原含量和交联程度较小，因此嫩度比成年牛肉要好。育肥牛的牛肉嫩度一般比非育肥牛要好。

2. 肌肉色泽

肌红蛋白含量随肉牛年龄的增加而增大，每克小龄牛鲜肉含量为 1~3 mg，中年牛肉 4~10 mg，老年牛肉 16~20 mg，因此老龄牛肉的颜色要比低龄牛肉深。

3. 系水力

小龄牛肉的蛋白质含量高，系水力好。

4. 大理石花纹

脂肪属于生长较晚的组织，老龄牛肌内脂肪含量相对较高，大理石花纹相对较好。

5. 风味

由于牛肉的风味物质主要储存在脂肪里，而小龄牛沉积脂肪的能力不如老龄牛，所以小龄肉的风味稍差。

（四）宰前活重

体重能影响到牛肉的肌肉脂肪含量、大理石花纹、嫩度和风味等，体重越大，肌肉脂肪含量越高，大理石花纹越丰富，嫩度和风味也就越好。有研究表明，大理石脂肪被认为是决定牛肉风味的脂肪，与牛肉的嫩度和风味密切相关。

（五）营养状况

营养对牛肉品质的影响非常明显。高蛋白日粮能够提高胴体蛋白质水平，降低脂肪含量。低营养水平能够降低肉品芳香性，影响肌肉中胶原物质和嫩度。营养不仅影响脂肪含量，还能改变脂肪酸的组成，肉牛育肥后，肌肉中饱和脂肪酸的含量高于不饱和脂肪酸。脂肪中饱和脂肪酸含量高时，皮下脂肪较硬，这样的牛肉适于造型加工。粗饲料喂养的黄牛肉质不如精饲料喂养的黄牛。牛生长期适于饲喂高蛋白、低能量的饲料；育肥期用低蛋白、高能量的饲料，促使脂肪沉积，利于形成大理石花纹。在饲料中添加维生素和矿物质对提高肉质有较大作用，如添加维生素 E，不仅可提高牛肉的嫩度，还因其抗氧化作用而延长牛肉的保鲜期。

第三节　犊牛育肥技术

一、小白牛肉生产

小白牛肉肉质极嫩、汁液充足、蛋白质含量高、脂肪含量少，是优质的高档牛肉，被认为是西餐中牛肉的顶级食材。

（一）育肥指标

屠宰年龄 90～100 d，出栏体重 100 kg 左右。

（二）技术关键

1. 犊牛选择

选择优良的肉牛品种、乳肉兼用品种、乳用品种或杂交种，初生体重在 38～45 kg。

2. 饲养方案

犊牛从初生至 3 月龄，完全靠牛乳（或代用乳）来供应营养，不饲喂其他任何饲料。1～30 日龄，日喂量 6～7 kg；31～60 日龄，日喂量 7～8 kg；61～90 日龄，日喂量 10～12 kg。

犊牛出生后 2h 以内，喂足初乳，不限量，吃饱为止，喂量一般可达 1.5～2 kg。出生 1 d 内初乳喂量达到体重的 10％以上，3 d 内达到 12 kg 以上，4～7d 可按体重的 1/10～1/8 喂给。每日饲喂三次，间隔时间一致。奶温要控制在 37 ℃～38 ℃，以后饲喂常乳时也是如此。

犊牛经过 7d 的初乳期之后，即可饲喂常乳。用奶瓶饲喂，以保证犊牛食管沟闭合充分。一般日喂量为体重的 1/9～1/7。

生产小白牛肉每增重 1 kg 约需要消耗 10 kg 鲜乳，成本比较高。目前，常采用代乳料喂养，平均每增重 1 kg 需要消耗 1.3 kg 代乳料，育肥期平均日增重 0.8～1 kg，效益大大提升。

3. 管理要点

（1）每天观察犊牛的食欲、行为和健康状况，严格监测和防治犊牛疾病，确保犊牛健康和正常生长发育。

（2）饲喂常乳要做到定质、定量、定温、定时、定人。

（3）做好清洁和消毒。牛舍每 3 d 消毒 1 次。每次喂乳后都要及时清洗、消毒饲喂用具。每天早晚两次喂牛时刷拭牛体，保持牛体清洁。犊牛吃完乳后，用干净的毛巾擦干嘴角遗乳，以免细菌滋生及犊牛之间相互舔食，从而避免造成犊牛舔癖和疾病传染。

（4）加强环境控制，给犊牛提供舒适的生活环境。牛舍形式可选择群养和单栏饲养，如果条件允许，建议采用单栏饲养。犊牛适宜的温度为 15 ℃～22 ℃，低于 7 ℃和高于 27 ℃，需相应采取防寒、防暑措施。牛舍相对湿度宜在 50％～80％。另外还要保持良好的通风条件。

二、小牛肉生产

（一）育肥指标

屠宰年龄 6～8 月龄，出栏体重 300～350 kg，胴体重 150～250 kg。

（二）技术关键

1. 犊牛选择

选择黄牛的纯种、杂种犊牛，纯种本地良种犊牛 35 kg 以上，杂种犊牛 38 kg 以上。

2. 饲养方案

饲养方案见表 6-1、表 6-2：

表 6 - 1			小牛肉生产饲养方案		单位：kg
周龄	体重	日增重	喂全乳量	喂配合料	青草或青干草
0～4	40～59	0.6～0.8	5～7，初乳	训练采食	—
5～7	60～79	0.9～1.0	5～7.9	0.1，训练采食	训练采食
8～11	80～99	0.9～1.1	8	0.4	自由采食
12～13	100～124	1.0～1.2	9	0.6	自由采食
14～16	125～149	1.1～1.3	10	0.9	自由采食
17～21	150～199	1.2～1.4	10	1.3	自由采食
22～27	200～250	1.1～1.3	9	2.0	自由采食
合计			1918	188.3	折合干草 150

注：引自林清等，2009。

表 6 - 2			犊牛育肥配合料配方			单位：%	
饲料	玉米	豆饼或豆粕	大麦	奶粉或蛋粉	油脂或膨胀大豆	碳酸氢钙	食盐
比例	52	15	15	5	10	2	1

注：每吨加入维生素 A 2000 万 IU，土霉素 22 g。

3. 管理要点

（1）每头犊牛配置专用木制牛栏，长 140 cm，高 180 cm，宽 50 cm，底板离地高 50 cm。牛床宜采用漏粪地板，避免犊牛接触地面，防止犊牛下痢。

（2）牛舍每天清扫一次，并用清水冲洗地面，每周室内消毒一次。

（3）犊牛适宜的温度为 7 ℃～21 ℃，低于 7 ℃和高于 27 ℃时需要相应采取防寒、防暑措施；相对湿度保持在 50%～80%；保持良好的通风条件。

（4）晴朗天气，可让犊牛进行适当的舍外活动，但场地不宜太大，使其充分晒太阳而又不至于运动量过大。

第四节　幼牛育肥技术

一、幼龄牛强度育肥

(一) 育肥指标
屠宰年龄1.5周岁，出栏体重450 kg以上。

(二) 技术关键
1. 育肥牛选择

选择优良的杂交牛、纯种不作种用的公犊，6月龄体重在150 kg以上。不去势。

2. 饲养方案

犊牛出生后2 h喂足初乳，7～15 d开始训练犊牛吃代乳料和干草。

犊牛到90日龄期间，每头每天精料加到1.5 kg左右，并逐步饲喂植物性饲料。

4～6月龄，在放牧加补饲的情况下，人工草地放牧3个月，每天补饲混合精料1.5 kg。在舍饲的情况下，提供充足的干草或青贮饲料，每头每天补饲混合精料2～2.5 kg。混合精料配方见表6-3：

表6-3　　　　　　　幼龄牛育肥前期配合料配方　　　　单位:%

饲料	玉米	豆饼	大麦	玉米蛋白粉	膨胀大豆	碳酸氢钙	食盐	小苏打	预混料
比例	55	15	10	5	10	2	1	1	1

注：每吨加入维生素A 1000万～2000万IU，土霉素或金霉素22 g。

7～18月龄，在放牧加补饲的情况下，放牧后，每头每天补饲混合精料2 kg。在舍饲的情况下，提供充足的干草或青贮饲料。体重在250～350 kg，每头每天补饲混合精料2.5～3.5 kg；体重在350～450 kg，每头每天补饲混合精料4～4.5 kg。混合精料配方见表6-4：

表6-4　　　　　　　幼龄牛育肥后期配合料配方　　　　单位:%

饲料	玉米	油饼类	糠麸类	碳酸氢钙	食盐
比例	75	10	12	2	1

注：每吨加入维生素A 1000万～2000万IU，土霉素或金霉素22g。

3. 管理要点

（1）开始时在早晨空腹称重，第3～5 d驱虫。

（2）每天定时饲喂2次，定时饮水3次。

（3）冬季做好防寒保暖，夏季做好防暑降温。

（4）牛舍每天清扫1次，每周室内消毒1次。

二、"雪花"牛肉生产的肉牛育肥

（一）育肥指标

屠宰年龄2～2.5周岁，出栏体重650 kg以上。

（二）技术关键

1. 育肥牛选择

选择我国地方良种黄牛如秦川牛、南阳牛、晋南牛、鲁西牛、延边牛，以及国外优良品种与本地黄牛杂交的后代。年龄5～6月龄，体重180 kg以上。公牛须去势。

2. 饲养方案

育肥期一般为18～24个月，前期（8～11月龄）分为增重期，后期（10～13月龄）为肉质改善期。前期以肌肉生长为主，饲喂低能量高蛋白饲料；后期以沉积脂肪为主，饲喂高能量、低蛋白饲料。

育肥前期，按每100 kg体重饲喂混合精料1.2～1.4 kg，占日粮60%～70%，粗饲料以青贮玉米为主，占30%～40%。混合精料配方见表6-5：

表6-5　　　　　　　　育肥前期配合料配方　　　　　　　单位：%

饲料	玉米	豆饼	棉籽饼	碳酸氢钙	食盐	小苏打	预混料
比例	65	9	20	2	1.2	1.3	1.5

育肥后期，按每100 kg体重饲喂混合精料1.5～1.6 kg，占日粮70%～80%，粗饲料以青贮玉米为主，占20%～30%。混合精料配方见表6-6：

表6-6　　　　　　　　育肥后期配合料配方　　　　　　　单位：%

饲料	玉米	大麦	豆粕	油脂	碳酸氢钙	食盐	小苏打	预混料
比例	40	40	13	2	1	1	1.5	1.5

3. 管理要点

（1）育肥前进行体检、体表清洗和驱虫。

（2）搞好牛舍及牛体卫生，牛舍保持清洁、干燥，通风良好。每周除粪1～2次，牛舍内保持不泥泞，以牛腹部不沾粪便为标准。饲槽、水槽3～5 d清洗1次。

（3）牛舍每半个月消毒1次。

（4）随时注意观察牛体健康，由于育肥中精饲料饲喂量较大，而肉牛运动量少，常会发生瘤胃臌胀，应及时治疗。高精料育肥还应防止肉牛发生酸中毒。

（5）冬季做好防寒保暖，夏季做好防暑降温。

第五节　架子牛育肥技术

一、育肥指标

育肥前体重300～350 kg，育肥期4个月，出栏体重450～550 kg以上（图6-8、图6-9）。

 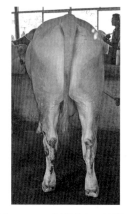

图6-8　体膘丰满的育肥牛　　　图6-9　育肥良好时尾根凹
　　　　　　　　　　　　　　　　　　　　　沟消失、四肢开张

二、技术关键

（一）育肥牛选择

选择国外优良肉牛品种改良本地牛的杂交后代，以三元杂交牛和高代杂交牛育肥效果更好。也可选择本地黄牛进行育肥。

（二）饲养方案

一般采用舍饲育肥方式。生产上常采用 120 d 育肥期，可划分为三个阶段：过渡饲养期（15 d）、育肥前期（45 d）、育肥后期（60 d）。

过渡饲养期：架子牛刚进场时自由采食粗饲料，上槽后仍以粗饲料为主，每天可饲喂精料 0.5 kg。随着体力的恢复，精料量可逐渐增加到 2 kg。精粗比为 30∶70。

育肥前期：按照牛只体重每 100 kg 饲喂配合精料 1 kg，日喂 2 次。粗饲料自由采食。精粗比为 60∶40（表 6-7）。

表 6-7　　　　　　　　　　育肥前期配合料配方　　　　　　　　单位：%

饲料	玉米	豆饼	棉籽饼	碳酸氢钙	食盐	添加剂
比例	72	8	16	1.3	1.2	1.5

育肥后期：日粮以精料为主，按照牛只体重每 100 kg 饲喂配合精料 1.1～1.2 kg，日喂 3 次。粗饲料自由采食。精粗比为 70∶30（表 6-8）。

表 6-8　　　　　　　　　　育肥后期配合料配方　　　　　　　　单位：%

饲料	玉米	豆饼	油脂	碳酸氢钙	食盐	添加剂	小苏打
比例	83	12	1	1.2	0.8	1	1

（三）管理要点

（1）按照牛的品种、体重和膘情进行分群饲养，便于管理（图 6-10）。

（2）进牛前要对牛舍进行彻底消毒，进牛后对牛只进行体表消毒，每月消毒牛舍 1 次。

（3）进栏 3 d 驱除体表寄生虫，进栏 5 d 内驱除体内寄生虫。驱虫后 3 d 进行健胃。

（4）每天对牛进行刷拭，以促进血液循环，并保持牛体清洁（图 6-11）。

（5）冬季和春季每天饲喂后各饮水 1 次，中午再饮水 1 次，夏季和秋季增加 1 次夜间饮水。也可采取自由饮水方式。

（6）冬季做好防寒保暖，夏季做好防暑降温。

图 6‑10　分群饲养　　　　　　图 6‑11　保持牛体清洁

第六节　成年牛育肥技术

一、育肥指标

成年牛 30 月龄以上，育肥期 3 个月，出栏体重 470 kg 以上。

二、技术关键

（一）育肥牛选择

用于育肥的成年牛往往是役牛、肉用母牛群中的淘汰牛。

（二）饲养方案

成年牛年龄较大，肉质较差，通过育肥，可增加肌间脂肪沉积，改善牛肉的嫩度和风味，提高经济价值。日粮以能量饲料为主，其他营养物质只要满足基本生命活动的需要即可。

整个育肥期可分为 3 个阶段：

第一阶段：5～10 d，主要是调教上槽，训练采食混合饲料。可先将少量的混合饲料拌入粗饲料中饲喂，经过 2～3 d 调教，牛即可上槽采食，每头每天饲喂混合精料 0.7～0.8 kg；

第二阶段：11～20 d，逐渐增加混合精料。每头每天饲喂量由 0.8～1.5 kg 逐渐增加到 2～3 kg。混合精料分 3 次饲喂，粗饲料自由采食。

第三阶段：21～90 d，日喂量按照黄牛体重的 1% 饲喂混合精料。混合精料分 3 次饲喂，粗饲料自由采食（表 6‑9）。

表 6 - 9			成年牛育肥配合料配方			单位：%	
饲料	玉米	油饼类	糠麸类	石粉	食盐	小苏打	预混料
比例	72	16	8	1	1	1	1

（三）管理要点

（1）成年牛育肥之前要进行全面检查，病牛先治愈再育肥，无法治疗的不宜育肥。太老、采食困难的牛也不宜育肥。

（2）公牛在育肥前半个月去势。

（3）育肥前要进行驱虫、健胃，并进行编号，以利于管理。

（4）对体质较差的牛，先饲喂较低营养水平的日粮，经过 15～30 d 后，再提高日粮营养水平，以避免发生消化道疾病。

（5）冬季做好防寒保暖，夏季做好防暑降温。

第七章　饲料卫生与安全使用技术

第一节　饼粕饲料的安全使用技术

一、菜籽饼

（一）菜籽饼中的有毒有害物质

1. 硫葡萄糖苷及其降解物

油菜中的硫葡萄糖苷主要有 3-丁烯基硫葡萄糖苷、4-戊烯基硫葡萄糖苷、2-羟基-3-丁烯基硫葡萄糖苷、2-羟基-4-戊烯基硫葡萄糖苷和 2-丙烯基硫葡萄糖苷 5 种。硫葡萄糖苷本身对牛没有毒性，其降解后的产物才有毒性。硫葡萄糖苷的降解物主要有：

（1）噁唑烷硫酮：具有很强的抗甲状腺素作用，阻止甲状腺对碘的吸收，引起腺垂体促甲状腺素的分泌增加，抑制甲状腺素的合成，导致甲状腺肿大。此外还能抑制黄牛生长。其 LD_{50} 为每千克体重 $1260 \sim 1415$ mg。

（2）异硫氰酸酯：具有辛辣味，影响饲料适口性。高浓度时对黏膜有强烈刺激作用，长期或大量饲喂菜籽饼粕时容易引起腹泻，并发展成胃肠炎。异硫氰酸酯为挥发性毒物，在排泄过程中可刺激并损伤相应组织器官，引起肾炎及支气管炎，甚至肺水肿。异硫氰酸酯还可抑制甲状腺滤泡集碘的能力，影响甲状腺素的合成，导致甲状腺肿大，妨碍黄牛生长。

（3）硫氰酸酯：具有辛辣味，影响饲料适口性。还可引起甲状腺肿大，妨碍黄牛生长。

（4）腈：是菜籽饼粕的生长抑制剂，能抑制黄牛生长，可损伤黄牛的肝脏和肾脏，引起出血，甚至可导致黄牛死亡。其 LD_{50} 为每千克体重 $159 \sim 240$ mg。

2. 芥子碱

能溶于水，易发生水解反应，生成芥子酸和胆碱。芥子碱味苦，是菜籽饼粕适口性差的主要原因之一。芥子碱易被碱水解，用生石灰或氨水处理菜籽饼粕，可除去其中95%的芥子碱。我国的菜籽饼粕中，芥子碱的含量一般为1%～1.5%。

3. 芥酸

对黄牛不产生明显的毒害作用，但大量摄入可导致心肌脂肪沉积，进而导致心肌纤维化。

4. 单宁

主要存在于菜籽外壳中，具有涩味，可降低菜籽饼粕的适口性和黄牛采食量。

5. 植酸

主要降低饲料中钙、磷等矿物质元素的吸收和利用。

（二）菜籽饼粕中毒

菜籽饼粕含有多种有毒物质，使用不当可引起中毒，其临床表现如下：

1. 泌尿型

以血红蛋白尿及尿液形成泡沫等溶血性贫血为特征，表现为明显的血红蛋白尿，排尿次数增加，尿液溅起大量的泡沫，精神不振，呼吸加深加快，心跳过速，常伴有腹泻。

2. 神经型

以目盲及疯狂等神经综合征为特征，牛易发，表现为视觉障碍、流涎、狂躁不安等症状。

3. 呼吸型

以肺水肿、肺气肿和呼吸困难为特征，牛易发，表现为呼吸加快、呼吸困难，具有急性肺水肿和肺气肿的症状，有的发生痉挛性咳嗽，鼻孔中流出泡沫状的液体。

4. 消化型

以食欲丧失、瘤胃蠕动减弱、明显便秘为特征，常见于小公牛，表现为厌食、粪便减少、瘤胃蠕动声音消失等。

（三）菜籽饼粕的脱毒处理

1. 物理处理

（1）坑埋法：将菜籽饼粕用水拌湿后埋入坑中1～2个月，可除去大部分有毒物质。

（2）水浸法：将菜籽饼粕用水浸泡数小时，再换水 1～2 次；还可用温水浸泡数小时；也可用 80 ℃左右的热水浸泡 40 min，然后过滤。

（3）热处理法：利用高温使芥子酶失去活性，阻断硫葡萄糖苷降解，达到去毒的目的。常用的方法有干热处理、湿热处理、微波处理以及膨化脱毒法等。干热处理法是将菜籽饼粕碾碎，在 80～90 ℃温度下烘烤 30 min，使硫葡萄糖苷酶钝化；湿热处理法是将菜籽饼粕碾碎，在开水中浸泡数分钟，然后再按干热处理法处理。

2. 化学处理

（1）酸碱处理法：将菜籽饼粕进行酸碱处理，可破坏硫葡萄糖苷和大部分芥子碱。常利用的酸碱有 H_2SO_4、NaOH、NH_3、Ca（OH）$_2$ 和 Na_2CO_3 等，以 Na_2CO_3 效果最好。

（2）金属处理法：一些盐类能催化硫葡萄糖苷分解，对菜籽饼粕有一定脱毒作用。通常采用 20％的硫酸亚铁溶液喷洒菜籽饼粕，用量为菜籽饼粕的 0.5％左右。硫酸亚铁可与硫葡萄糖苷以及硫葡萄糖苷的降解产物直接作用生成无毒的螯合物，达到去毒的目的。

（3）醇类溶剂浸提法：利用硫葡萄糖苷和多酚类化合物能溶于醇类的特性，将菜籽饼粕用醇类溶剂浸泡，达到脱毒的目的。常采用的醇类溶剂有甲醇、乙醇、丙醇和异丙醇。

3. 生物学处理

（1）微生物发酵法：在菜籽饼粕中接种可降解硫葡萄糖苷的微生物，经发酵培养，利用微生物分泌的多种酶类破坏葡萄糖苷及其降解物。

（2）酶水解法：加入黑芥子酶及酶的激活剂，加速硫葡萄糖苷分解，然后通过溶剂将分解产物浸出，以达到脱毒的目的。

（四）菜籽饼粕的合理利用

1. 限量饲喂菜籽饼粕

菜籽饼粕可不经脱毒直接饲喂，但要限量饲喂，这是最简单的利用方法。菜籽饼粕的安全用量，可根据菜籽品种、加工方法来确定。而黄牛对菜籽饼粕的毒性不是很敏感，一般在配合饲料中的安全限量为 10％～12％。经过脱毒处理的菜籽饼粕的用量可适当增加。

2. 与其他饼粕饲料搭配使用

根据各类饼粕类饲料的营养特点，将菜籽饼粕与大豆饼粕、花生饼粕、棉籽饼粕或亚麻饼粕等合理搭配，可控制饲料中的有毒物质含量，并利于营养互补。

3. 使用专用添加剂

根据黄牛的生理特点及生产阶段，设计制作适合于菜籽饼粕饲粮的专用添加剂，可以拮抗有毒有害成分的危害、强化营养、改善适口性等（表7-1）。

表7-1 菜籽饼粕添加剂

添加剂	作用	添加量
合成赖氨酸	补充用饲粮中赖氨酸的需要。	0.15%~0.25%
蛋氨酸	降解单宁毒性，还可满足黄牛对蛋氨酸的需要。	0.1%~0.2%
锌、铜、铁等微量元素	拮抗植酸、单宁的抗营养作用；降低硫葡萄糖苷及其降解产物的毒性；补充黄牛对微量元素的需要。	为需要量的3~5倍
碘	防止硫葡萄糖苷的降解产物对甲状腺功能的影响。	为需要量的2~3倍
调味剂	增加香味、甜味，改善适口性，提高采食量。	因调味剂不同而适量添加
其他添加剂	酶制剂可改善菜籽饼粕的品质；植酸酶、蛋白酶、糖酶可提高菜籽饼粕的饲用价值；生长促进剂促进黄牛生长。	因种类不同而适量添加

4. 严格执行饲料卫生标准

《饲料卫生标准》（GB13078—2017）规定，牛饲料中异硫氰酸酯（以丙烯基异硫氰酸酯计）的限量标准为：菜籽及其加工产品≤4000 mg/kg，其他饲料原料≤100 mg/kg，犊牛精料补充料≤150 mg/kg，其他牛精料补充料≤1000 mg/kg。牛饲料中噁唑烷硫酮（以5-乙烯基-噁唑-2硫酮计）的限量标准为：菜籽及其加工产品≤2500 mg/kg。

二、棉籽饼粕

（一）棉籽饼粕的有毒有害物质

棉籽饼粕的有毒有害物质有棉酚及其衍生物、环丙烯类脂肪酸，其中对黄牛影响比较大的是棉酚。大部分游离棉酚在黄牛消化道中通过生物转化形成结合棉酚，经肠道直接排出，只有少量被吸收。当游离棉酚在体内蓄积到一定临界水平时会引起黄牛中毒。

1. 损害细胞、血管和神经

游离棉酚可刺激胃肠黏膜，引起肠胃炎，造成消化道黏膜的损伤。可增强血管壁的通透性，促进血浆和红细胞渗透到周围组织，使受害组织发生浆液性浸润和出血性炎症，并发生体腔积液，引起实质器官如心脏、肝脏和肾脏等出血。游离棉酚能溶于磷脂，易累积在神经细胞中，引起神经系统功能紊乱。

2. 在体内与蛋白质和铁发生反应

游离棉酚可与许多功能蛋白质以及一些酶结合，使它们丧失活性，干扰机体的正常功能。游离棉酚与铁离子结合后，会影响血红蛋白的合成而引起贫血。

3. 降低赖氨酸的利用率

在榨油过程中因受到湿热作用，游离棉酚发生美拉德反应，会降低赖氨酸的有效利用率。

4. 影响公牛的生殖功能

游离棉酚能破坏生精细胞线粒体功能，损害睾丸的生精上皮，影响精子生成，导致精子畸形、死亡，甚至无精。

（二）棉酚中毒

瘤胃微生物可将游离棉酚转变为结合棉酚，不易引起中毒。但棉籽饼粕喂量过多会引起中毒，以哺乳犊牛最为敏感。中毒初期，以前胃弛缓和胃肠炎为主。多数先便秘后腹泻，排黑褐色粪便，并混有黏液和血液，患牛常有血尿现象。眼睑、胸前、腹下或四肢水肿。精神沉郁，鼻镜干燥，口流黏液。妊娠母牛出现流产，犊牛出现佝偻症、视力障碍或失明。

（三）棉籽饼粕的脱毒处理

1. 物理处理

物理脱毒方法主要是加热，在高温作用下，棉籽腺体破裂释放棉酚，棉酚与蛋白质或氨基酸反应，游离态转变为结合态，自身还会降解，从而降低毒性。生产上常用膨化脱毒法处理，利用饼粕在膨化挤压腔内受到温度、压力和剪切作用，使棉酚遭受破坏而失去毒性。

2. 化学处理

（1）硫酸亚铁处理法：机制是亚铁离子与棉酚螯合形成"棉酚铁"，

不易被牛吸收而排出体外。一般亚铁离子与游离棉酚按略高于 1∶1 比例螯合。可将硫酸亚铁干粉直接混入饲粮中饲喂，也可将棉籽饼粕浸泡在硫酸亚铁溶液中，一定时间后再与其他饲料混合饲喂。

（2）碱处理法：棉酚具有一定酸性，可与碱反应生成盐。利用这一性质，在棉籽饼粕中加入某些碱类，加热蒸炒，使游离棉酚遭到破坏或呈结合态。使用 NaOH 处理时，先配成 2.5％NaOH 水溶液，在加热条件下（70 ℃～75 ℃）与等量的棉籽饼粕混合，维持 10～30 min，然后加入 3％的盐酸中和，使 pH 值达到 6.5～7.0，烘干后饲喂。

（3）氧化法：常用的氧化剂为过氧化氢，用 33％过氧化氢处理，添加量为每吨 4～7 kg，在 105 ℃～110 ℃下反应 30～60 min。

（4）尿素处理法：尿素加入量为饼粕的 0.25％～2.5％，加水量 10％～50％，脱毒保温度数 85 ℃～110 ℃，处理时间 20～40 min。

（5）氨处理法：将饼粕与 2％～3％的氨水溶液按 1∶1 比例搅拌均匀，并浸泡 25 min，再烘干至含水量 10％即可。

3. 生物学处理

（1）坑埋法：将饼粕与水按 1∶1 比例调制均匀，然后土埋 60 d 左右，利用棉籽饼粕自身和泥土微生物自然发酵，达到脱毒目的。

（2）微生物固体发酵法：一般采用酵母、真菌和食用菌等单一菌株或混合菌株进行固体发酵，不仅能去除棉籽饼粕中的棉酚，还可以提高棉籽饼粕的蛋白质含量，发酵底物中存留多种酶类、维生素、氨基酸以及促生长因子。

（四）棉籽饼粕的合理利用

1. 控制饲喂量

牛对游离棉酚的耐受性较高，棉籽饼粕可饲喂犊牛和肉牛。肉牛日粮中棉籽饼粕的用量可占 30％～40％，饲喂犊牛时，则应低于精料的 20％。一般应与其他饼粕类饲粮配合饲喂，而且需要补充维生素 A、胡萝卜素以及钙等矿物质。

2. 适当提高饲粮的蛋白质水平并补充赖氨酸

用棉籽饼粕作饲料时，蛋白质水平应略高于饲养标准，可降低棉酚的毒性，增强机体对棉酚的耐受力。同时，可适当补充赖氨酸，效果更好。

3. 与其他饼粕饲料搭配使用

根据各类饼粕的营养特点，将棉籽饼粕与菜籽饼粕、大豆饼粕等合理搭配，可控制饲料中的有毒物质含量，并利于营养互补。此外，还可提高饲粮中维生素和矿物质含量，增加青绿饲料的喂量，可增强机体对棉酚的耐受能力和解毒能力。

4. 严格执行饲料卫生标准

《饲料卫生标准》（GB13078—2017）规定，牛饲料中游离棉酚的限量标准为：棉籽油≤200 mg/kg，棉籽≤5000 mg/kg，脱酚棉籽蛋白、发酵棉籽蛋白≤400 mg/kg，其他棉籽加工产品≤1200 mg/kg，其他饲料原料≤20 mg/kg，犊牛精料补充料≤100 mg/kg，其他牛精料补充料≤500 mg/kg。

三、蓖麻饼粕

（一）蓖麻饼粕的有毒有害物质

1. 蓖麻毒素

蓖麻毒素具有强烈的细胞毒性，属于蛋白质合成抑制剂或核糖体失活剂。蓖麻毒素通过抑制蛋白质的合成，造成各种组织器官的损害，如刺激胃肠道，损伤胃肠道黏膜和肝、肾等实质器官，使之变性、出血和坏死，并可使红细胞裂解，最后因呼吸、循环衰竭而死亡。

2. 蓖麻碱

蓖麻碱是致甲状腺肿的潜在因子。

3. 变应原

变应原又称蓖麻变应原，具有强烈的致敏活性和抗原性，对过敏体质的机体可引起变态反应。

4. 红细胞凝集素

对动物的毒性为蓖麻毒素的1％，但对红细胞的凝集活性却比蓖麻毒素大50倍。

（二）蓖麻饼粕中毒

蓖麻饼粕中毒是由于饲喂不当所致，其毒物主要是蓖麻毒素。蓖麻中毒一般表现为急性中毒，通常采食10 min到3 h出现临床症状，病程长的潜伏期为1～3 d。牛中毒后，食欲废绝，反刍停止，体温升高，呼吸困难，心跳加快，腹胀，四肢痉挛。继而全身衰竭，昏迷死亡。剖检可见胃肠道弥漫性出血，瘤胃黏膜极易脱落，心内膜点状出血，心肌变性。

(三) 蓖麻饼粕的脱毒处理

1. 物理处理

(1) 沸水洗涤法：将蓖麻饼粕用 100 ℃沸水洗涤 2 次，可去除大部分毒素。

(2) 蒸汽处理法：用 120 ℃~125 ℃蒸汽处理 45 min，可去除大部分毒素。

(3) 蒸煮法：常温蒸煮法是将饼粕加水湿拌，常压蒸 1 h，再用沸水洗涤 2 次；高压蒸煮法是将饼粕加水湿拌，通入 120 ℃~125 ℃蒸汽处理 45 min，再用 80 ℃水洗涤 2 次。

(4) 热喷膨爆脱毒法：将饼粕去壳，通过高温高压喷放，使蓖麻组织膨胀，毒素溶于水中，膨爆液经离心去水，得到的湿粕再用热水洗涤。

2. 化学处理

(1) 盐水浸泡：室温下，用 10% 的盐水浸泡蓖麻饼粕 8 h，饼粕与盐水的比例为 1∶6，过滤后再用清水冲洗，毒素去除率达 80% 左右。

(2) 盐酸溶液浸泡：室温下，用 3% 的盐酸溶液浸泡蓖麻饼粕 3 h，饼粕与溶液的比例为 1∶3，过滤后再用清水冲洗至中性。

(3) 酸醛法：室温下，用 3% 的盐酸溶液和 8% 的甲醛溶液浸泡蓖麻饼粕 3 h，饼粕与溶液的比例为 1∶3，过滤后再用清水冲洗 3 次。蓖麻碱和变应原去除率可达到 86% 和 99%。

(4) 碳酸钠溶液浸泡：室温下，用 10% 的碳酸钠溶液浸泡蓖麻饼粕 3 h，饼粕与溶液的比例为 1∶3，过滤后再用清水冲洗 2 次。

(5) 石灰法：用 4% 的石灰水处理饼粕，饼粕与溶液的比例为 1∶3，100 ℃处理 15 min，然后烘干。变应原可完全去除，蓖麻碱可减少到 0.083%。

(6) 氨水处理法：在饼粕中加入一定数量的氨水可进行脱毒，蓖麻碱去除率可达 92%。

3. 微生物发酵

先将蓖麻饼粕粉碎过筛去壳，然后采用固液结合发酵，在液体发酵时先用一定量灭菌的蓖麻饼粕作培养基，加入脱毒剂和酵母菌，使发酵与脱毒同步进行，当液体中细菌繁殖到一定量时，将液体与灭菌的蓖麻粕混合，进行固体发酵，发酵完后，将发酵物烘干粉碎制成高活性酵母蛋白饲料，蛋白质含量达 45%。

（四）去毒蓖麻饼粕的合理利用

1. 去毒蓖麻饼粕在日粮中的应用

黄牛对蓖麻饼粕毒素的耐受力较高，去毒蓖麻饼粕在日粮中的用量可提高到 20%。

2. 与其他饼粕类饲粮合理搭配使用

根据各类饼粕的营养特点，将蓖麻饼粕与菜籽饼粕、大豆饼粕等合理搭配。

四、亚麻饼粕

（一）亚麻饼粕中的有毒有害物质

1. 生氰糖苷

生氰糖苷在机体内可经酶解产生氢氰酸，氢氰酸能释放 CN^-，能迅速与氧化型细胞色素氧化酶中的 Fe^{3+} 结合，引起细胞窒息。同时，氰化物还对中枢神经系统有直接的伤害作用。

2. 抗维生素 B_6 因子

可影响体内氨基酸的代谢，引起中枢神经功能紊乱。

（二）亚麻饼粕中毒

亚麻饼粕中毒主要是氢氰酸中毒，发病快、病程短。急性中毒可突然发生并迅速死亡，从采食到死亡仅几十分钟。一般急性中毒少见，多为氢氰酸中毒的慢性过程，症状逐渐加重。

（三）亚麻饼粕的脱毒处理

1. 水煮法

将亚麻饼粕用水浸泡后煮沸 10 min 左右，可使氢氰酸挥发而脱毒。

2. 制粒处理

将亚麻饼粕通过制粒机进行压粒处理，在一定温度条件下使生氰糖苷水解，氢氰酸挥发。

3. 微波处理

微波射线被物料吸收后，容易引起分子间的共振，导致细胞内部摩擦、产热，细胞内部结构膨胀和破裂，生氰糖苷水解，产生的氢氰酸随蒸汽带走。

4. 高温高压处理

高温高压处理可破坏亚麻饼粕中的生氰糖苷，所用温度为 $100\sim120\ ℃$，压力 1621 kPa，处理时间 15 min。

5. 混合溶剂浸泡脱毒

利用极性溶剂（正己烷）对生氰糖苷的浸提作用去除饼粕中的生氰糖苷。一般采用乙醇、氨、水和正己烷组成的混合剂系统，可使生氰糖苷的去除率可达 90% 左右。

（四）亚麻饼粕的合理利用

1. 限量饲喂

亚麻饼粕的饲喂量取决于亚麻籽的制油工艺，一般热榨中生氰糖苷的含量较低，可不经脱毒直接饲喂。对于采用溶剂浸出和低温冷榨得到的饼粕，由于生氰糖苷的含量较高，最好脱毒后饲喂，若不脱毒直接饲喂，则应严格控制饲喂量，并间隔饲喂。

2. 与其他饼粕类饲粮合理搭配使用

根据各类饼粕的营养特点，将亚麻饼粕与菜籽饼粕、大豆饼粕等合理搭配。

3. 注意营养平衡

由于亚麻饼粕的蛋白质品质较差，尤其是赖氨酸含量较低，因此应根据添加量合理补充赖氨酸。还可通过适当提高饲粮中维生素 B_6 水平，以消除抗维生素 B_6 因子的影响。另外，还要注意补充其他维生素以及钙、磷、锌、铁、铜、锰等矿物质元素。

4. 严格执行饲料卫生标准

《饲料卫生标准》（GB13078—2017）规定，采用氰化物（以 HCN 计）作为衡量亚麻饼粕含毒量的指标，牛饲料中氰化物的限量标准为：亚麻籽（胡麻籽）≤250 mg/kg，亚麻籽饼（胡麻籽饼）、亚麻籽粕（胡麻籽粕）≤350 mg/kg，木薯及其加工产品≤100 mg/kg，其他饲料原料≤50 mg/kg，牛配合饲料≤50 mg/kg。

第二节　糟渣类饲料的安全使用技术

一、酒糟

（一）酒糟中的有毒有害物质

1. 酿酒残留的毒害物质

新鲜酒糟中残留有一定量的乙醇及甲醇、杂醇油、醛类、酸类等其他多种发酵产物。乙醇的毒性主要是危害中枢神经系统，长期饲喂，可引起慢性中毒，损害肝脏和消化系统，引起心肌炎，造血功能障碍和多发性神经炎；甲醇可导致神经系统麻痹，可引起视神经萎缩，重者可致失明；杂醇油主要是麻痹作用；甲醛是细胞质毒，可引起呕吐、腹泻等症状。

2. 酒糟储存不当产生的毒害物质

酒糟储存过久或酸败变质时，乙醇等醇类可在微生物作用下转变为有机酸，有机酸主要为乙酸。适量的乙酸可促进食欲和养分的消化，但大量乙酸长时间作用，可损伤胃肠道，并改变瘤胃微生物区系，导致酸中毒。消化道长期酸度过高，可促进钙的排泄，引起骨骼疾病。

3. 原料本身含有的毒害物质

用木薯制酒的酒糟中含有生氰糖苷；用发芽马铃薯制酒的酒糟含有龙葵素；用带有黑斑病的甘薯制酒的酒糟含有甘薯酮和甘薯醇；用大麦为原料的啤酒糟可产生二甲基亚硝胺；谷物原料中混有麦角时，酒糟中含有麦角生物碱；霉变原料酿酒的酒糟中含有真菌毒素等。

（二）酒糟中毒

酒糟中毒主要是乙醇和乙酸中毒，临床上可分为急性中毒和慢性中毒。

1. 急性中毒

突然大量饲喂酒糟可引起急性中毒。初期兴奋不安，随后食欲减退、废绝，出现腹痛、腹泻等胃肠道症状。心跳过速，呼吸困难，四肢蹒跚。以后四肢麻痹，卧地不起，最后因呼吸中枢麻痹而死亡。

2. 慢性中毒

长期或单一饲喂酒糟可引起慢性中毒。表现为长期消化不良，便秘、腹泻交替出现。顽固性的前胃弛缓，食欲不振，瘤胃蠕动微弱。还因酸性产物的蓄积而出现缺钙现象。母牛会出现流产或屡配不孕，腹泻，消瘦。

（三）酒糟毒性的控制和安全使用

1. 新鲜饲喂

酒糟含水量高、变质快，应新鲜饲喂。新鲜酒糟应添加 $0.5\% \sim 1\%$ 的生石灰，以降低酸味，改善适口性。

2. 采用适当的加工储存技术

采用干法加工，可将鲜酒糟进行自然晾干和机械干燥；采用湿法加工，将鲜酒糟用窖、缸、堆等方法储藏，在适宜温度（10 ℃）和适宜含水量（60%～70%）的条件下，压实、密封，鲜酒糟可长期储藏。也可将鲜酒糟制成青贮饲料或微贮饲料，而得以长期储藏（图 7-1）。

图 7-1　青贮窖贮藏酒糟　　　　图 7-2　酒糟与其他饲料混合饲喂

3. 控制喂量

肉牛最高喂量可达到精料总量的 50%，犊牛则不宜超过 20%。

4. 注意日粮营养平衡

酒糟营养不全，应避免单一饲喂，注意与精饲料、青绿饲料、青贮饲料及其他粗饲料搭配，以保证饲喂效果（图 7-2）。并注意补钙以及其他矿物质元素和维生素。

5. 注意检查酒糟的品质

对于轻度酸败的酒糟，可加入一定量的石灰水或碳酸氢钠进行中和，严禁饲喂严重酸败和霉变的酒糟（图 7-3）。

图 7-3　发生霉变的酒糟

二、粉渣

（一）粉渣中的有毒有害物质

粉渣中的有毒有害物质主要是亚硫酸，少量的亚硫酸无毒害作用，但大量饲喂则可引起中毒，其毒性作用如下：

1. 损伤胃肠道

导致肠道黏膜发炎、坏死、脱落和出血性肠胃炎。还可导致前胃弛缓、瘤胃微生物区系改变，消化功能紊乱及酸中毒。

2. 损害机体

以硫化物或硫酸盐的形式，损害免疫器官和实质器官，引起肝、脾、肾等实质器官变性。

3. 破坏硫胺素

引起硫胺素缺乏症，进而引起糖代谢障碍，物质代谢紊乱。

4. 影响钙吸收

亚硫酸在体内可与钙结合成亚硫酸钙，随粪便排出，引起缺钙症和骨骼营养不良。特别是高产、妊娠母牛，表现更为突出。

（二）粉渣中毒

食用淀粉渣很少引起动物中毒，但药用淀粉渣能引起动物中毒。表现为出血性胃肠炎、前胃弛缓等特征。

（三）粉渣毒性的控制和安全使用

1. 粉渣去毒

物理方法主要是水浸法和晒（烘）干法，水浸法是用 2 倍于粉渣的水浸泡 1 h，沉淀后弃去清液，可去除亚硫酸 50％以上；晒（烘）干法就是将粉渣晒（烘）干，可去除亚硫酸 60％以上。化学方法是用 0.1％的高锰酸钾溶液、过氧化氢或氢氧化钙溶液处理去毒。

2. 限量饲喂

未经去毒的粉渣，喂量每头每天不应超过 7 kg，且间隔饲喂，半个月停一周，然后再喂。

3. 与其他饲料合理搭配

注意保证优质青干草、青绿饲料的供应，还要注意补充钙饲料、合成氨基酸、维生素添加剂等，并与其他蛋白质饲料搭配使用。

三、豆渣

鲜豆渣是黄牛良好的多汁饲料，但由于豆类含有胰蛋白酶抑制剂等多种抗营养因子，所以豆渣必须熟喂或经过微生物发酵处理后饲喂。

四、酱油渣

酱油渣的原料有大豆、豌豆、蚕豆、豆粕、麸皮及食盐等，多用于牛饲料，在肉牛精料中可用到 10%，过多易引起腹泻。因酱油渣含盐量高达 7%，饲喂时应供给充足的饮水。

五、甜菜渣

鲜甜菜渣适口性好，易消化，是黄牛良好的多汁饲料，对泌乳母牛还有催乳作用。但甜菜渣含有较多的有机酸，饲喂过多易引起腹泻。肉牛每头每天喂量为 40 kg，犊牛和种公牛应少喂或不喂。饲喂时，应注意搭配干草、青贮饲料、饼粕类以及胡萝卜等。

第三节　青饲料的安全使用技术

一、青饲料中的硝酸盐和亚硝酸盐

(一) 含硝酸盐、亚硝酸盐的饲用植物

青绿饲料中含有一定量的硝酸盐，硝酸盐本身对动物毒性较低，但在一定条件下转化为亚硝酸盐对动物有较高的毒性。青绿饲料长时间高温堆放，用小火焖煮或煮后久置，硝酸盐都会迅速还原为亚硝酸盐。黄牛摄入硝酸盐，在瘤胃微生物的作用下，硝酸盐会还原成亚硝酸盐，并进一步还原成氨而被利用。但摄入过多极易引起亚硝酸盐积累而引起中毒。

(二) 亚硝酸盐中毒

亚硝酸盐经动物吸收进入血液，亚硝酸离子与血红蛋白相互作用，使正常血红蛋白中的二价铁氧化成三价铁，形成高铁血红蛋白，使血红蛋白失去运氧能力。

1. 急性中毒

黄牛中毒的症状为呼吸加强、心率加快，肌肉震颤，衰弱无力，行走摇摆，皮肤及可视黏膜出现发绀，体温正常或偏低，严重者可发生蹦跳、昏迷和阵发性惊厥，甚至死亡。中度中毒可于发病后 0.5～2 h 死亡；轻度中毒而耐过者，症状可于数小时后逐渐缓解。

2. 慢性中毒

中毒表现多样，如采食量下降、增重缓慢、精神萎靡。母牛可引起受胎率低，并可导致死胎、流产或胎儿吸收。硝酸盐还可使胡萝卜素氧化，妨碍维生素 A 的形成，引起维生素 A 缺乏症。硝酸盐和亚硝酸盐还可争夺合成甲状腺的碘，引起甲状腺肿。

（三）亚硝酸盐的安全控制措施

1. 控制氮肥用量

种植青绿饲料时，适量施用钼肥，减少氮肥用量可减少植物体内硝酸盐的积累。

2. 注意青绿饲料的储存

青绿饲料收获后应存放于干燥、阴凉、通风处，不要堆压或长期放置。

3. 补饲含糖饲料

黄牛采食硝酸盐含量高的青绿饲料时，应适量喂给易消化的含糖饲料，以降低瘤胃 pH 值，抑制硝酸盐转化为亚硝酸盐，并促使亚硝酸盐转化为氨。

4. 控制喂量

一般认为饲料干物质中以 NO_3^- 形式存在的 N 含量在 0.2% 以上，或按 NO_3^- 计为 0.88% 以上，即有中毒的危险，超过此水平应控制喂量。

5. 中毒治疗

特效解毒剂为亚甲蓝和甲苯胺蓝，配合使用维生素 C 和高渗葡萄糖可增强疗效。用于黄牛的治疗剂量为 20 mg/kg，配制成 1% 溶液静脉注射。

二、青饲料中的生氰糖苷

（一）生氰糖苷的来源

含有生氰糖苷的饲用植物有高粱、百脉根、苏丹草、白三叶、菜豆属植物、木薯、亚麻籽饼和橡胶籽饼等。生氰糖苷是生氰化合物之一，本身不具毒性，但在水分和适宜的温度条件下，可水解产生氢氰酸而引起动物中毒。

（二）生氰糖苷中毒

瘤胃微生物可使生氰糖苷水解，产生氢氰酸。当 100 g 干重植物中氢氰酸含量超过 20 mg 时可引起黄牛中毒，氢氰酸对黄牛的最低致死剂量为每千克体重 2 mg。急性中毒发病快，牛在采食 15～30 min 后即可发病，表现为呼吸困难，呼出苦杏仁味气体，随后全身衰弱无力，行走站立不稳或卧地不起，心律失常。中毒严重者最后因呼吸麻痹而死亡。黄牛长期摄入含氢氰酸的植物也能发生慢性中毒，可引起甲状腺肿大，生长发育迟缓。

（三）生氰糖苷的安全控制措施

1. 合理利用青饲料

根据植物各生长期有毒成分的变化规律，进行合理利用。例如，高粱茎叶在幼嫩时不能喂牛，应在抽穗后利用，并调制成青贮料或干草，使氢氰酸挥发；苏丹草刈割 4 次的氢氰酸含量比刈割 3 次的高，第一茬适于刈割青贮、晒制干草，放牧时，以草丛高度 $50 \sim 60$ cm 为宜，此时氢氰酸含量减少。另外，还应控制生氰植物的喂量，并与其他饲草饲料搭配使用。

2. 植物去毒处理

利用生氰糖苷溶于水、沸点低的特性，一般采用水浸泡、加热蒸煮等方法去毒。如木薯块根可通过煮熟、水浸、晒干、制成薯粉或薯干去毒；木薯叶可通过晒制成叶粉、煮熟、切碎发酵去毒；亚麻籽饼可通过煮熟去毒；箭筈豌豆可通过浸泡、蒸煮、焙炒去毒。

3. 中毒治疗

氢氰酸急性中毒发病快，病程短，动物往往不能及时治疗而死亡。黄牛一旦发现氢氰酸中毒症状，应立即用 2 g 亚硝酸钠配成 5% 溶液进行静脉注射，随后再注射 $5\% \sim 10\%$ 的硫代硫酸钠溶液 $100 \sim 200$ mL。对有中毒倾向但尚未出现中毒症状的黄牛，可灌服硫代硫酸钠 30 g，每小时一次，以固定胃中尚未被吸收的氢氰酸。

4. 严格执行饲料卫生标准

《饲料卫生标准》（GB13078—2017）规定，牛饲料中氰化物（以HCN 计）的限量标准为：亚麻籽（胡麻籽）≤250 mg/kg，亚麻籽饼（胡麻籽饼）、亚麻籽粕（胡麻籽粕）≤350 mg/kg，木薯及其加工产品≤100 mg/kg，其他饲料原料≤50 mg/kg。

三、青饲料中的草酸盐

（一）含有草酸盐的饲用植物

有些青绿饲料含有较多的草酸及其盐类，特别是在叶片发育旺盛阶段，草酸高达 $0.5\% \sim 1.5\%$。常见的富含草酸盐的饲用植物及野生植物有甜菜、牧草与野生植物（如羊蹄、酸模、蓝稷、盐生草等）、叶菜类（如菠菜、油菜、苋菜等）、稻草、芝麻饼粕、水浮莲等。

（二）草酸盐中毒

草酸盐是一种抗营养因子，可引起中毒，并对许多器官造成损害。主要表现为：

（1）在动物消化道内能与钙、锌、镁、铜和铁等矿物质元素形成不溶性的草酸盐，降低这些矿物质的利用率。

（2）草酸盐对胃肠道黏膜有刺激作用，引起腹泻，甚至胃肠炎。

（3）草酸进入血液后，与钙结合成草酸钙沉淀，扰乱体内钙的代谢，使神经肌肉兴奋性增高，心脏功能减退，如在长期慢性低钙血症的情况下，可导致甲状旁腺功能亢进，骨质脱钙增多，并出现纤维性骨营养不良。

（4）草酸盐可在血管中结晶，并渗入血管壁，引起血管坏死，导致出血。草酸盐晶体有时能在脑组织内形成，引起中枢神经系统功能紊乱。

（5）草酸盐通过肾脏排出时，可致肾小管阻塞、变性和坏死，引起肾功能障碍。牛长期摄入少量草酸（每头每日≤75 g）不会中毒，但大量摄入后 2～6 h 可引起中毒，表现为食欲减退、呕吐、腹痛、腹泻；瘤胃蠕动减少或轻度瘤胃嗳气；病牛表现不安，频繁起卧，肌肉无力，心率加快，肌肉颤抖和抽搐；呼吸困难，鼻流出带血泡沫液体；最后瘫痪，甚至昏迷。急性中毒在 9～11 h 死亡。慢性中毒表现为精神沉郁，肌无力，生长受阻，慢性胃肠炎。

（三）草酸盐的安全控制措施

（1）饲喂富含草酸盐的饲草饲料时，喂量不宜过多，要与其他饲草饲料搭配使用。

（2）饲喂量可逐渐增加，以提高黄牛瘤胃微生物分解草酸盐的能力。

（3）注意避免在生长富含草酸盐植物的地区放牧，防止黄牛摄入过多的草酸盐。

（4）饲喂富含草酸盐的饲草饲料时，应注意补充钙剂，以减少机体对草酸盐的吸收。每摄入 100 mg 草酸盐，应补充钙剂 50～75 mg。此外，还可适当补充锌、镁、铁、铜等元素。

四、豆科牧草

（一）苜蓿

1. 有毒成分

苜蓿的有毒成分主要是皂苷，属于三萜皂苷类，水解后可生成三萜烯皂苷配基、糖和糖醛酸。不同的苜蓿品种，皂苷的含量、性质、品种均有不同。

2. 毒性

（1）降低水溶液表面张力。黄牛过量采食苜蓿，瘤胃会产生大量气泡，形成瘤胃臌气。

（2）溶血。皂苷可与红细胞膜上的胆固醇结合，生成不溶于水的复合物，破坏红细胞膜的通透性，使红细胞渗透压增高而破裂，产生溶血现象。

（3）味苦且辛辣。皂苷可影响苜蓿的适口性。

3. 安全控制措施

（1）合理利用。苜蓿应限量饲喂，每头每天的喂量为：泌乳牛20～30 kg，青年母牛10～15 kg。为预防瘤胃臌气，在苜蓿草地放牧前先喂一些干草或粗饲料，并待露水干后再放牧；青饲时应待苜蓿凋萎后饲喂；应与禾本科牧草混种或混合饲喂，青贮时与禾本科牧草混贮。

（2）中毒治疗。当发生瘤胃臌气时，应及时排气、治疗。

（二）银合欢

1. 有毒成分

银合欢的有毒成分是含羞草素，也称为含羞草氨酸或含羞草碱。

2. 毒性

含羞草素的中毒机制尚不完全明了，一般认为是对酪氨酸和苯丙氨酸的代谢过程有拮抗作用，影响毛发生长。能与重金属形成螯合物，抑制一些酶的活性。中毒表现为，被毛脱落、厌食、流涎、生长停滞、甲状腺肿大、繁殖功能下降。

3. 安全控制措施

（1）合理利用。限量饲喂，日粮中的银合欢不超过25％；与其他牧草混合饲喂，在放牧地上与其他牧草混种。

（2）去毒处理。将银合欢干粉煮沸或蒸煮2 h，或用水浸泡1 d（换水2～3次），或在银合欢干粉中添加0.02％～0.03％的硫酸亚铁。

（3）中毒治疗。目前尚无特效药物，只能参照一般的中毒疾病进行对症治疗。

（三）草木樨

1. 有毒成分

草木樨中含有香豆素，香豆素本身是无毒的，但在草木樨加工过程中如感染真菌，可形成有毒的双香豆素。

2. 毒性

双香豆素能阻碍维生素 K 的利用，使凝血因子的合成受阻。牛对双香豆素的毒性比较敏感，特别是幼牛更为敏感。草木樨中毒比较缓慢，一般在饲喂 2～3 周后发病。中毒表现为，血凝不良和全身广泛出血，并引起多种继发性症状。

3. 安全控制措施

（1）合理利用。尽量选择在草木樨幼嫩时期饲喂，在阳光下晾晒后饲喂，贮存时注意防潮防霉；饲喂时，应逐渐增加喂量，每喂 2～3 周，停喂 1 周；与富含维生素 K 的饲料搭配饲喂；限制妊娠母牛或犊牛的喂量，去势或手术前停止饲喂草木樨。

（2）去毒处理。用清水或石灰水浸泡草木樨可去除香豆素和双香豆素。

（3）中毒治疗。每头每次静脉注射维生素 K_3 2 g，也可输入全血或去纤维蛋白血以解毒。

（四）猪屎豆

1. 有毒成分

猪屎豆的有毒成分主要是双稠吡啶类生物碱，其中以猪屎豆碱最具代表性。

2. 毒性

双稠吡啶类生物碱在体内经烷基化生成有毒的吡咯，主要损害肝脏，对中枢神经有麻痹作用，对肾、肺也有损害。牛多为慢性中毒，初期消化不良，精神沉郁，食欲废绝，黏膜发绀，瘤胃鼓胀；尿液发黄且量少；有时有精神症状，病程多为 8～10 d，最终大部分死亡。

3. 安全控制措施

（1）禁止利用。严禁在生长猪屎豆属植物的地方放牧。

（2）中毒治疗。静脉注射半胱氨酸 1～2 g，或静脉注射蛋氨酸 0.5～1 g。

五、禾本科牧草及其他科作物

（一）聚合草

1. 有毒成分

聚合草含有多种生物碱，都属于双稠吡啶类生物碱，其中以聚合草素和向阳紫草碱的含量最高，毒性最强。

2. 毒性

双稠吡啶类生物碱在体内经烷基化生成有毒的吡咯，主要损害肝脏，对中枢神经有麻痹作用，对肾、肺也有损害。

3. 安全控制措施

适当控制喂量，不适于长期或大量饲喂，并与其他饲料搭配使用。聚合草用量（干物质）以不超过日粮的 25％为宜。

（二）马铃薯

1. 有毒成分

马铃薯的有毒成分为马铃薯素，也称龙葵素。

2. 毒性

马铃薯素中毒主要为神经系统和消化系统功能紊乱，重症中毒多呈急性，呈现明显的神经症状；轻度中毒多呈慢性，呈明显的胃肠炎症状。病牛多于口唇周围、肛门、尾根以及母牛的阴道和乳房部位发生湿疹或水疱性皮炎，有时四肢皮肤发生深层组织的坏疽性病灶。

3. 安全控制措施

（1）合理利用。马铃薯饲喂量应逐渐增加。发芽的马铃薯，应充分煮熟后并与其他饲料搭配饲喂。用马铃薯茎叶作饲料时，用量不宜过多，应与其他青绿饲料混合青贮后饲喂。

（2）去毒处理。发芽的马铃薯应去除幼芽，煮熟后应将水弃掉。

（3）中毒治疗。初期可用 0.01％高锰酸钾溶液洗胃，之后灌服适量食醋。可切开瘤胃取出内容物，冲洗灌入食醋后缝合。胃肠炎不严重时，还可灌服少量泻剂，促进毒物排出。胃肠炎严重时可灌服 1％鞣酸蛋白溶液 1000～2000 mL，并及时静脉注射葡萄糖生理盐水。

（三）石龙芮

1. 有毒成分

石龙芮的有毒成分主要为原白头翁素。

2. 毒性

原白头翁素属内酯类，对皮肤、黏膜有强烈的刺激作用，通过消化道吸收使口腔、胃肠黏膜发生炎症。早期有流涎，咀嚼困难，口黏膜灼热、肿胀，甚至水疱。随后出现不同程度的衰弱，呕吐，腹痛，腹泻，排出黑色、腐臭、带血的粪便。肾脏损伤，出现血尿和蛋白尿。

3. 安全控制措施

（1）禁止利用。尽量避免在混有石龙芮生长的地方放牧。

（2）中毒治疗。用0.1％高锰酸钾溶液内服和灌服，能迅速破坏残留的原白头翁素；口炎可用0.1％高锰酸钾溶液洗涤；胃肠炎可投服保护剂（淀粉糊）和收敛剂（鞣酸）。

（四）马尾草

1. 有毒成分

马尾草主要含有烟酸、二甲基砜、咖啡酸、阿魏酸、硅质和鞣酸，有毒成分为硫胺素酶、生物碱、皂苷等。

2. 毒性

硫胺素酶可破坏维生素 B_1，而且影响其合成与代谢，促进维生素 B_1 缺乏症。生物碱、皂苷等可侵害神经系统，导致病牛抽搐、痉挛、运动障碍，乃至后躯麻痹等综合征。

3. 安全控制措施

（1）禁止利用。严禁采刈马尾草作为黄牛饲料。发现饲草中混杂马尾草，应彻底剔除。

（2）中毒治疗。皮下注射维生素 B_1 250～500 mg；重症病例，先行静脉注射20％葡萄糖溶液1000～1500 mL，并肌内注射25％氨茶碱溶液10～20 mL。另外，用盐类泻剂清理胃肠道。

第四节　矿物质的安全使用技术

一、磷酸盐类

磷酸盐类矿物质中的主要有毒有害物质为氟、砷、铅等。我国化工标准对饲料级磷酸盐类矿物质中有效成分的含量做出了规定，也对有毒有害物质的含量做出了限制（表7-2）。

表7-2　饲料级磷酸盐类矿物质中有效成分及有毒物质含量标准　　单位：％

名称	磷	钙	钾	氮	氟	砷	铅
磷酸氢钙	≥16.5	≥21.0	—	—	≤0.18	≤0.003	≤0.003
磷酸二氢钙	≥22.0	15.0～18.0	—	—	≤0.20	≤0.004	≤0.003
磷酸氢二铵	≥22.7±0.4	—	—	≥19.0	≤0.05	≤0.002	≤0.002

续表

名称	磷	钙	钾	氮	氟	砷	铅
磷酸一二钙	≥21.0	15.0~20.0	—	—	≤0.18	≤0.003	≤0.003
磷酸二氢钾	≥22.3	—	≥28.0	—	—	≤0.001	≤0.002

二、碳酸钙类

碳酸钙是饲料中钙的重要补充物，石粉、贝壳粉、蛋壳粉等主要成分为碳酸钙，碳酸钙的含量为35%~38%。碳酸钙类矿物质饲料的卫生安全问题是产品中可能含有氟、砷、铅等有毒物质。《饲料卫生标准》（GB13078—2017）规定：石粉中砷含量≤2 mg/kg，镉含量≤0.75 mg/kg；其他矿物质饲料原料中铅含量≤15 mg/kg，镉含量≤2 mg/kg；蛭石中氟含量≤3000 mg/kg，其他矿物质饲料原料中氟含量≤400 mg/kg。

三、食盐

食盐的成分为氯化钠，氯、钠是动物维持健康和生产性能所必需的矿物质。相对其他畜禽而言，黄牛对食盐的敏感度不高，如能保证充足饮水，黄牛能够耐受较高的食盐含量。但如果摄入过多的食盐，还是会中毒。当黄牛出现疑似食盐中毒时，应立即停喂可疑饲料，给足清洁饮水，以加速食盐排泄，但要少量多次供水，不能让黄牛暴饮，以防出现脑水肿。

为防止食盐中毒，应科学配方黄牛日粮，避免使用含盐量过高的劣质饲料原料，避免过量使用含盐量过高的非常规饲料（如酱油渣等），加强生产管理以避免食盐重复添加或误加。

第五节 饲料添加剂的安全使用技术

一、微量元素添加剂

（一）安全性问题
1. 造成动物中毒

微量元素如铜、铁、锌、锰、碘、钴、硒、铬等是动物维持健康、生产性能及繁殖功能所必需的，但饲料中微量元素含量过高会导致动物中毒。另外，品质低劣的微量元素添加剂含有过量的铅、镉、汞、砷等重金属，可引起动物重金属元素中毒。

2. 引起环境污染

动物对饲料中的微量元素只能吸收少部分，大部分通过粪便排入环境，通过长期累积，会造成环境微量元素污染，影响土质和水质。

3. 危害人类健康

如果微量元素污染了土壤、水体，可造成微量元素在粮食中富集，影响人类健康。另外，重金属元素和一些微量元素会在动物可食性组织中蓄积，超过一定水平就会危害人类健康。

（二）安全控制措施

1. 加强生产管理

建立先进的质量控制体系，完善生产管理制度，严格操作规程，实现生产全过程监管。

2. 严格品质控制

严把原料入口关，杜绝使用品质低劣和非饲料级的微量元素添加剂。

3. 严格执行《饲料添加剂品种目录（2013）》（农业部公告第 2045 号）

凡不在目录中的矿物元素及其络（螯）合物一律不得作为饲料添加剂生产使用。

4. 严格执行《饲料添加剂安全使用规范》（农业部公告第 2625 号）

饲料添加剂使用应遵循规范中相应元素的限量标准（表 7 - 3）。

表 7 - 3　牛配合饲料或全混合日粮中微量元素推荐添加量及最高限量　单位:mg/kg

项目	推荐添加量（以元素计）	最高限量（以元素计）
铁	10～50	750
铜	10	开始反刍之前犊牛 15，其他牛 30
锌	30	犊牛代乳料 180，其他牛 120
锰	20～40	150
碘	0.25～0.8	10
钴	0.1～0.3	2
硒	0.1～0.3	0.5

二、维生素添加剂

(一) 安全性问题

脂溶性维生素在动物体内蓄积性强，可在动物高脂类组织特别是肝脏中蓄积，短期大剂量摄入或长期高剂量摄入维生素 A、维生素 D 时会引起动物慢性中毒。黄牛连续饲喂超过需要量的 30 倍以上即可发生慢性中毒，如一次性给予黄牛需要量的 50 倍以上的维生素 A，可使黄牛迅速出现中毒症状。水溶性维生素在动物体内蓄积性小，引起中毒的可能性不大。

(二) 安全控制措施

1. 严格执行《饲料添加剂品种目录 (2013)》

凡不在目录中的维生素及类维生素一律不得作为饲料添加剂生产使用。

2. 杜绝使用非饲料级维生素添加剂及品质不良的维生素添加剂

从取得饲料添加剂及添加剂预混合饲料生产许可证、饲料添加剂及添加剂预混合饲料产品批准文号的企业采购维生素添加剂产品。

3. 科学配方饲料

维生素化学性质多不稳定，通常在高温、光照等条件下易氧化变质。为保证维生素的安全使用，弥补加工及储藏过程中维生素的损失，在设计饲料配方时，可在黄牛营养需要量的基础上增加一定的安全系数，适度增加一定的富余量。

4. 严格执行《饲料添加剂安全使用规范》

饲料添加剂使用应遵循规范中相应元素的限量标准 (表 7-4)。

表 7-4　牛配合饲料或全混合日粮中维生素推荐添加量及最高限量　单位：IU/kg

项目	推荐添加量 (以维生素计)	最高限量 (以维生素计)
维生素 A 乙酰酯	2000～4000	犊牛 25000，育肥牛和泌乳牛 10000，干奶牛 20000
维生素 A 棕榈酯	2000～4000	犊牛 25000，育肥牛和泌乳牛 10000，干奶牛 20000
L-抗坏血酸	犊牛 125～500	—
L-抗坏血酸钙 (钠)	犊牛 125～500	—

续表

项目	推荐添加量（以维生素计）	最高限量（以维生素计）
L-抗坏血酸-2-磷酸酯	犊牛 125～500	—
L-抗坏血酸-6-棕榈酸酯	犊牛 125～500	—
维生素 D$_2$	275～400	犊牛代乳料 10000，其他牛 4000
维生素 D$_3$	275～450	犊牛代乳料 10000，其他牛 4000
天然维生素 E	15～60	—
DL-α-生育酚	15～60	—
DL-α-生育酚乙酸酯	15～60	—

三、酶制剂及微生物制剂

（一）安全性问题

1. 活菌制剂在机体中的变异性

有些微生物在动物胃肠道中可能会发生变异而转变为致病性微生物。

2. 外源性微生物对动物体内的养分消耗

活菌剂进入动物胃肠道后转变成营养体，其代谢过程也需要消耗营养物质。

3. 外源酶对动物消化道结构的影响

这种影响有有益的，也有不利的，其利弊需要科学评估。

4. 产品的稳定性

微生物制剂及酶制剂为生物活性物质，其生物活性有可能在储藏、加工过程中发生变化。

（二）安全控制措施

1. 严格执行《饲料添加剂品种目录（2013）》

凡不在目录中的饲用酶制剂和微生物制剂一律不得作为饲料添加剂生产使用。

2. 严把产品质量关

杜绝使用未取得饲料添加剂及添加剂预混合饲料生产许可证、饲料添加剂及添加剂预混合饲料产品批准文号的企业所生产的酶制剂和微生物制剂产品及非饲料级产品。

四、其他添加剂

主要包括氨基酸、抗氧化剂、防腐剂、防霉剂、酸化剂以及其他添加剂如调味和诱食物质、黏结剂、抗结块剂、稳定剂、乳化剂、多糖、寡糖等。这些添加剂的使用，必须严格执行《饲料添加剂品种目录（2013）》的规定。

第八章　牛场卫生保健与疾病防治技术

第一节　牛场卫生消毒

消毒是用物理方法、化学方法和或生物学方法杀灭或清除外界环境中的病原体，其目的是消灭病原体，切断传播途径，阻止传染病的发生和蔓延。

一、消毒的种类

(一) 预防消毒
预防性消毒又称定期消毒，是指在未发生疫病时，以预防感染为目的，经常性的消毒，以消灭环境中可能存在的病原体。消毒对象包括牛场所有场所、用具、饮水、人员等。

(二) 紧急消毒
紧急消毒又称随时消毒，是指传染病发生时所进行的消毒，其目的是减少或消灭病原体，防止传染病蔓延。凡是被病牛接触过的器物和排泄物都要进行彻底消毒，消毒频率适当加大。

(三) 终末消毒
终末消毒又称巩固消毒，是指发病地区在解除封锁之前，为彻底消灭传染病的病原体而进行的最后消毒。消毒应该全面、彻底，对牛舍、黄牛及其周围的一些物品都要进行消毒。

二、消毒的机制

消毒的机制是改变微生物赖以生存的环境，致使微生物的内外结构发生改变，代谢功能出现障碍，生长发育受阻，从而丧失活性，失去致病力。一种是使病原体蛋白质变性，发生沉淀。如酚类消毒剂、醇类消毒剂、醛类消毒剂等；第二种是干扰病原体的重要酶系统，影响菌体代谢。如重金属盐类、氧化剂、氯制剂、碘制剂等；第三种是增高菌体细胞膜的通透性，引起酶和营养物质漏失，水渗入菌体，使菌体破裂或溶解。如双链季铵盐类消毒剂。

三、消毒的方法

（一）机械清除消毒法

机械清除是通过清扫、冲洗、洗涮、通风、过滤等机械清除环境中的病原体，这种方法不能杀灭病原菌，只是创造不利于微生物生长、繁殖的环境条件。常用设备有高压清洗机等。

（二）物理消毒法

1. 辐射消毒

辐射消毒分为非电离辐射消毒和电离辐射消毒两种，前者有紫外线、红外线和微波，后者有丙种射线和高能量电子束。目前应用最多的是紫外线灯，多用于空气和物体表面的消毒。电离辐射消毒是一种适用于忌热物品的常温灭菌方法，电离辐射设备昂贵，且对人体和动物有一定伤害，所以使用较少。

2. 干热消毒

（1）焚烧法。一般是直接点燃或炉内燃烧，多用于病畜尸体、垫草、病料以及被污染的杂草、地面等的灭菌。焚烧炉主要用于焚烧病死畜禽尸体，还可焚烧病畜垫草、病料等。

（2）灼烧法。是直接用火焰进行灭菌，其设备主要是火焰灭菌设备，包括火焰专用型和喷雾火焰型两种，适用于耐火材料（金属、玻璃及瓷器）的灭菌。

（3）热空气法。是利用干热空气进行灭菌，其设备有干热灭菌器，实质就是烤箱，适用于各种耐热玻璃器皿，如吸管、试管、烧瓶、培养皿等实验器材的灭菌。

3. 湿热消毒

（1）煮沸消毒。常用设备有消毒锅，适用于如剪刀、注射器等金属、玻璃制品以及棉织品等的消毒。

（2）高压蒸汽灭菌。常用设备有高压蒸汽灭菌器，适用于耐高温和耐潮湿的物品消毒，如玻璃器材、棉织品等。

（3）流通蒸汽灭菌。常用设备是流通蒸汽灭菌器，适用于一些对高温灭菌不稳定的物品的消毒。该法不能杀死细菌芽孢和霉菌孢子，此时可采用间歇灭菌法。

（三）化学消毒法

化学消毒法是指用化学消毒药物作用于病原体，使其蛋白质变性，失去正常功能而死亡。化学药品消毒速度快、效率高，能在数分钟之内杀死病原体，常被采用。

1. 化学消毒剂

（1）卤素类消毒剂。①含氯消毒剂：杀菌能力强，刺激性小，杀菌作用缓慢而持久。如漂白粉、氯化磷酸三钠、液氯、二氯异氰尿酸等。②含碘消毒剂：稳定性好，安全性高，杀菌能力强，但生物降解性差，长期使用会对环境造成破坏。如聚维酮碘、碘酊、碘甘油、PVP碘等。③卤化消毒剂：包括二氯海因、二溴海因、溴氯海因等，以二氯海因效果最好。

（2）氧化剂类消毒剂。包括过氧乙酸、过氧化氢、臭氧、二氧化氯、酸性氧化电位水等。具有强氧化能力，是一类广谱、高效的消毒剂，作用时间快，无毒、无害、无残留，且不产生抗药性，特别适合饮水消毒。由于其化学性质不稳定，须现配现用。

（3）烷基化气体类消毒剂。对各种微生物均可杀灭，包括细菌繁殖体、芽孢、分枝杆菌、真菌和病毒。这类消毒剂包括环氧乙烷、环氧丙烷和乙型丙内酯等。

（4）醛类消毒剂。如甲醛、戊二醛等。杀菌能力强，速度快，对细菌、真菌、芽孢、病毒均有作用，对物品腐蚀性小，但是甲醛刺激性大，对牛体有一定毒害。

（5）酚类消毒剂。包括石碳酸、甲酚皂溶液、复合酚类等。能抑制和杀灭一般细菌、病毒，还能杀灭蚊卵，但杀菌效力低，对环境易造成污染，对牛体有一定毒害。

（6）醇类消毒剂。适用于皮肤术部消毒，如乙醇、异丙醇等。

（7）季铵盐类消毒剂。低效消毒剂，毒性小，杀菌效率高，化学性质稳定，分散作用及缓释作用好，但易受水硬度及有机物影响，长期单独使用易产生抗药性，对部分亲脂性病毒有效，对无囊膜病毒无效。适用于皮肤、黏膜的消毒，如苯扎溴铵、度米芬等。

（8）二胍类消毒剂。为低效消毒剂，适用于皮肤、黏膜的防腐，也用于环境表面的消毒，如氯己定等。

（9）酸碱类消毒剂。酸类消毒剂包括乳酸、醋酸、硼酸、水杨酸等。

碱类消毒剂包括氢氧化钠、氢氧化钾、氧化钙等。

（10）重金属盐类消毒剂。适用于皮肤、黏膜的消毒防腐，有抑菌作用，杀菌作用不强。如红汞、硫柳汞、硝酸银等。

2. 化学消毒的方法

（1）喷洒法。将消毒液均匀喷洒在被消毒物体上进行消毒。

（2）喷雾法。将消毒液通过喷雾形式对物体表面、动物体表进行消毒。

（3）擦拭法。将消毒药品擦拭在物体表面或动物体表皮肤、黏膜、伤口等处进行消毒。

（4）发泡法。把高浓度的消毒液用专用的发泡机制成泡沫散布在牛舍表面和设施表面进行消毒。相对而言，发泡法消毒可延长消毒作用时间，获得良好的消毒效果。

（5）浸泡法。将物品浸泡在消毒液里，经过一段时间达到消毒灭菌的目的。

（6）洗刷法。用毛刷等蘸取消毒液，在牛的体表或物体表面洗刷。

（7）冲洗法。将消毒液冲入牛只直肠、瘘管、阴道等部位以及冲湿物体表面进行消毒。

（8）熏蒸法。通过加热或加入氧化剂，使消毒液呈气体或烟雾，在一定时间达到消毒灭菌的目的。适用于牛舍内物品和空气消毒。

（9）撒布法。将粉剂消毒剂均匀地撒布在消毒对象表面进行消毒。消毒时，药物需要一定的湿度潮解，才能发挥作用，如生石灰消毒。

（10）拌和法。用粉剂消毒剂与消毒对象拌和均匀，在一定时间达到消毒灭菌的目的。适用于粪便、垃圾等污染物的消毒。

3. 化学消毒的常用设备

（1）喷雾器。有背负式喷雾器和机动喷雾器，适用于牛舍外环境和空舍消毒。

（2）气雾免疫机。适用于牛场疫苗免疫、微雾消毒、施药、降温以及环境卫生消毒。

（3）消毒液机。以电解食盐水来生产消毒药，适用于牛场、屠宰场、运输车船、人员防护消毒以及病原污染区的大面积消毒。

（4）臭氧空气消毒机。是采用脉冲高压放电技术，将空气中一定量的氧电离分解后形成臭氧，并配合控制系统组成的一种消毒器械。臭氧是一种强氧化杀菌剂，消毒时呈弥漫扩散方式，消毒彻底，无死角，效果很好。

4. 常用消毒药品

（1）福尔马林。38%～40%的甲醛溶液称为福尔马林。2%的福尔马林，浸泡消毒器械（1～2 h）；2%～4%的福尔马林，喷洒消毒牛舍墙壁、地面、饲槽等；1%的福尔马林，喷洒消毒牛体体表；熏蒸消毒时，每立方米空间用福尔马林25 mL、水12.5 mL、高锰酸钾25 g，将高锰酸钾倒入福尔马林和水预先混合的非金属容器内，关闭门窗12～24 h，通风后再使用。

（2）漂白粉。主要成分为次氯酸钙。能杀灭细菌、芽孢、病毒等。用于饮水消毒时，每立方米水加入漂白粉5～10 g，30 min后方可使用。10%～20%乳剂，用于牛舍、粪池、车辆、排泄物和环境的消毒，可喷洒、喷雾，也可用干粉撒布。

（3）次氯酸钠。能有效杀灭各种细菌、芽孢、真菌、病毒等。用于饮水消毒时，每立方米水加药30～50 mg，作用30 min；环境消毒，每立方米水加药20～50 g，搅拌后喷洒、喷雾或冲洗；饲槽、用具等消毒，每立方米水加药10～15 g，搅拌后刷洗，作用30 min。

（4）碘酊。又称碘酒，5%碘酊用于手术部位、注射部位以及各种创伤或感染的皮肤、黏膜的消毒。10%浓度碘酊为皮肤刺激药，用于慢性腱炎、关节炎。

（5）碘甘油。5%碘甘油用于鼻腔黏膜、口腔黏膜，以及幼牛的皮肤和母牛的乳房皮肤消毒，还可用于清洗脓腔。

（6）聚维酮碘（碘伏）。具有高效、快速、低毒、广谱等特点，对各种细菌繁殖体、芽孢、病毒、真菌、结核分枝杆菌、螺旋体、衣原体及滴虫等有较强的杀灭作用。饮水消毒时，每立方米水加聚维酮碘0.2 g；用于黏膜消毒时，用0.2%聚维酮碘溶液可直接冲洗阴道、子宫、乳室等；清创处理，用0.3%～0.5%聚维酮碘溶液可直接冲洗创口。

（7）过氧化氢。又称双氧水，可快速灭活多种微生物，如致病性细菌、细菌芽孢、酵母、真菌孢子、病毒等。气雾用于空气、物体表面消毒；溶液用于饮水器、饲槽、用具、手等消毒。牛舍空气消毒时，用1.5%～3%过氧化氢喷雾，每立方米20 mL，作用20～30 min。10%过氧化氢可杀灭芽孢，浓度、温度和湿度越高杀菌力越大。

（8）臭氧。具有广谱杀灭微生物的作用。能有效杀灭各种细菌、芽孢、真菌孢子、病毒等，兼有除臭、增氧的作用。适用于空气、饮水、用具等消毒。用于饮水消毒时，臭氧浓度 0.5～1.5 mg/L，作用 5～10 min。

（9）二氧化氯。适用于牛舍、饮水、用具等消毒，能杀灭各种细菌、病毒、真菌等微生物。用于环境、牛舍、用具、空气等消毒时，浓度为 200 mg/L；用于饮水消毒时，0.5 mg/L；用于用具、牛体表消毒时，200 mg/L；用于产房消毒时，500 mg/L；用于烈性传染病及疫源地消毒时，1000 mg/L；用于饲料防霉时，每吨饲料用 100 mg/L 的消毒液 100 mL 喷雾。

（10）高锰酸钾。可有效杀灭细菌繁殖体、真菌、细菌芽孢和部分病毒。0.1%～0.2%的高锰酸钾水溶液，用于皮肤、黏膜消毒，主要是用于临产母牛乳头、会阴以及产科局部消毒，还可以用于创伤和溃疡等。0.01%～0.05%的高锰酸钾水溶液，可用于中毒时洗胃。

（11）甲酚皂溶液。又称来苏儿，为甲醛、植物油、氢氧化钠的皂化液，能有效杀灭细菌繁殖体、真菌和大部分病毒。1%～2%溶液，用于手、皮肤消毒；3%～5%溶液，用于器械、用具、地面、墙壁等消毒；5%～10%溶液，用于环境、牛排泄物及实验室细菌材料的消毒。

（12）百毒杀。为双链季铵盐类消毒剂，毒性低、无刺激性。饮水消毒时，预防量按有效药量 10000～20000 倍稀释，疫病发生时按 5000～10000 倍稀释。牛舍及环境、用具消毒时，预防量按 3000 倍稀释，疫病发生时按 1000 倍稀释；牛体喷雾消毒时，按 3000 倍稀释。

（13）乙醇。又称酒精，可快速、有效杀灭多种微生物，如细菌繁殖体、真菌和多种病毒，但不能杀灭细菌芽孢。75%乙醇常用于皮肤、物体表面、诊疗器械和器材等消毒。

（14）氢氧化钠。1%的水溶液，用于玻璃器皿的消毒；2%～3%的水溶液，用于喷洒牛舍、饲槽、运输工具等进行消毒，还可以作为消毒池用药；5%的水溶液，可用于炭疽芽孢污染场地的消毒。氢氧化钠具有较强的腐蚀性，消毒后应彻底清洗。

（15）生石灰。加入相当生石灰重量 70%～100%的水，即生成熟石灰。可杀灭多种病原菌，但对芽孢无效。常用 20%石灰乳溶液进行环境、圈舍、地面、垫料、粪便等消毒。

（四）生物消毒法

生物消毒法即是对粪便、污物和其他废弃物的生物发酵处理。在牛场粪污无害化处理中，堆肥和沼气发酵都能杀灭病原微生物、寄生虫幼虫及其虫卵。

（五）综合消毒法

综合消毒法就是将机械的、物理的、化学的、生物的消毒方法结合起来进行消毒。在实际生产上，牛场消毒往往都需要综合多种消毒方法，以确保消毒效果。

四、牛场消毒方案

（一）环境消毒

1. 牛舍消毒

每天清扫、冲洗牛舍 1 次，每 2 周用消毒药液喷洒牛舍四壁、地面、饲槽及运动场 1 次。牛出售后，先对牛舍进行彻底清扫、冲洗，并用消毒液进行喷洒消毒，1～2 周后方可购进新牛群。对使用 2 年以上的牛舍，每年用 20％的石灰乳粉刷内墙一次，粉刷高度为 1.5 m。

2. 饮水消毒

饮用水应加入消毒剂消毒，对水槽或饮水碗等饮水器具应每天洗刷，每 2 周消毒 1 次。

3. 生活管理区消毒

对办公室、食堂、宿舍、饲草饲料加工区及其周围环境应经常性清扫。同时，每月用消毒药液消毒 1 次。

4. 舍外周围场地消毒

应经常性清扫，每 2 周用消毒药液喷洒消毒 1 次。对于舍外的道路，每天都应进行清扫，每周使用消毒药液喷洒消毒 1～2 次。当场外有疫情威胁时，应适当增加消毒次数。

5. 粪污处理区消毒

应经常清扫，每 2 周用消毒药液喷洒消毒 1 次。粪便通过堆积发酵等处理工艺进行消毒，污水通过厌氧消化等处理工艺进行消毒。

6. 隔离区消毒

在使用完后应进行彻底清扫、冲洗，并使用消毒药液进行喷洒消毒。

（二）人员消毒

人员进场必须走消毒通道，更换工作服（鞋、帽），经过紫外线消毒或喷雾消毒以及脚踏消毒池后方可进场。消毒池的消毒药液每周更换 2 次，并以 3 个月为一周期更换不同的消毒剂。工作服（鞋、帽）应定期洗涤，并用紫外线或消毒药液消毒（图 8-1、图 8-2、图 8-3）。

图 8-1　消毒室

图 8-2　消毒室内通道

图 8-3　喷雾消毒

（三）车辆和器具消毒

1. 车辆消毒

车辆进场必须走专用消毒通道，应经过消毒池，并用喷洒消毒药液对其表面和所载物体表面消毒后方可进入。消毒池大小一般为长 5 m、宽 3 m、深 0.3 m，消毒药液应每周更换 2 次。在北方冬季温度低、水易结冰的情况下，车轮可用喷洒消毒（图 8-4、图 8-5、图 8-6）。

图 8-4　车辆消毒池

图 8-5　运牛车辆消毒

图 8-6　入场车辆消毒

2. 器具消毒

生产用具使用完毕后应及时清洗，必要时可用消毒药液浸泡 12 h 以上再清洁使用，也可用消毒药液刷洗，并进行熏蒸消毒。对于各种手术器械、注射器、针头、输精枪、开膣器等必须按照常规消毒方法严格消毒。

（四）牛体消毒

经常刷拭牛体，每 2 周用消毒药液喷洒牛只体表 1 次。

（五）临时消毒

当发生传染病时，应进行紧急性消毒。病死牛和扑杀牛应进行深埋或焚烧处理，运牛车辆须用消毒液彻底冲洗消毒；圈舍、用具、放牧地等用机械消毒法和喷洒消毒药液进行消毒，喷洒药液每天 1 次，连续 7 d，从外围向中心的顺序进行；粪便、污水做发酵消毒，污水还可加入消毒剂消毒；污物能直接燃烧部分做焚烧处理，其余用坑、堆发酵法消毒。

第二节　牛场的驱虫

一、驱虫的种类

（一）预防性驱虫

预防性驱虫的时间可结合当地寄生虫病发生情况，在每年春季和秋季，结合转群、转饲各进行一次全牛群的预防性驱虫。犊牛在 1 月龄和 6 月龄、育肥牛在育肥前、母牛在配种前 1 个月，各进行一次驱虫。

（二）治疗性驱虫

当牛感染寄生虫病以后出现明显的临床症状时，采用特效驱虫药对病牛进行治疗用药，一般治疗性驱虫比预防性驱虫的用药量稍大。

二、驱虫常用药物

（一）驱线虫药物（表 8 - 1）

表 8 - 1　　　　　　　　　　　牛常用驱线虫药物

药物名称	作用范围	用法与用量
1%伊（阿）维菌素	类圆线虫、蛔虫、钩虫等，对螨、虱、蝇也有作用。	皮下注射：每次每千克体重 0.2 mg，7 d 重复给药 1 次。
左旋咪唑	蛔虫、钩虫、类圆线虫、肺丝虫、心丝虫、眼虫等。	每次每千克体重 8 mg，口服、肌内注射或皮下注射。
丙硫咪唑	蛔虫、钩虫、鞭虫、旋毛虫、类圆线虫、食道虫等，对绦虫和吸虫也有作用。	驱线虫，口服：每次每千克体重 5～20 mg。
甲苯咪唑	蛔虫、钩虫、鞭虫、旋毛虫、类圆线虫等，对丝虫、绦虫也有作用。	口服：每次每千克体重 5 mg，连服 5 d。
羟嘧啶	鞭虫。	口服：每次每千克体重 10～20 mg。
海群生	心丝虫、微丝蚴。	口服：每千克体重 60～70 mg，分 3 次服。
碘硝酚	钩虫。	皮下注射：每次每千克体重 10 mg。

（二）驱绦虫药物（表 8 - 2）

表 8 - 2　　　　　　　　　　　牛常用驱绦虫药物

药物名称	作用范围	用法与用量
吡喹酮（驱绦灵）	复孔绦虫、带状绦虫、中线绦虫、多头绦虫、细粒棘球绦虫等。	口服：每次每千克体重 20～50 mg。
氯硝柳胺（灭绦灵）	多种绦虫，但对细粒棘球绦虫无效。	口服：每次每千克体重 100～125 mg。

续表

药物名称	作用范围	用法与用量
氢溴酸槟榔碱	多种绦虫，但副作用较大。	口服：每次每千克体重2～4 mg，给药前应先服稀碘液10 mL。
丁萘脒	带科绦虫、复孔绦虫、细粒棘球绦虫等。	口服：每次每千克体重25～50 mg。
丙硫咪唑	多种绦虫。	口服：每次每千克体重10～20 mg。
南瓜籽仁粉	带科绦虫、复孔绦虫等。	口服：每次每千克体重30 mg。

（三）驱吸虫药物（表8-3）

表8-3　　　　　　　　牛常用驱吸虫药物

药物名称	作用范围	用法与用量
吡喹酮	肺吸虫、血吸虫、华枝睾吸虫等。	口服：每次每千克体重50～75 mg。
硫双二氯酚	肺吸虫、华枝睾吸虫等。	口服：每次每千克体重0.1～0.2 g。
血防846	日本血吸虫、肺吸虫、华枝睾吸虫等。	口服：每次每千克体重120～200 mg。
吸虫净注射液（含吡喹酮10%）	多种吸虫，多种绦虫，主治血吸虫病、肺吸虫病、肝吸虫病和绦虫病。	深部肌内注射：每次每千克体重0.1～0.2 mL。

（四）抗原虫药物（表8-4）

表8-4　　　　　　　　牛常用抗原虫药物

药物名称	作用范围	用法与用量
咪唑苯脲	巴贝斯虫。	肌内或皮下注射：每次每千克体重0.25 mg。

续表

药物名称	作用范围	用法与用量
贝尼尔	巴贝斯虫，对伊氏锥虫也有作用。	肌内或皮下注射：每次每千克体重 3.5 mg，用生理盐水配成 5%～7%溶液。
黄色素	巴贝斯虫。	静脉注射：每次每千克体重 2～4 mg。
苏拉明	伊氏锥虫。	静脉注射：每次每千克体重 30 mg，用生理盐水配成 10%溶液。
磺胺二甲基嘧啶	弓形虫、牛球虫。	口服：每次每千克体重 55 mg，连服 21 d。
氨丙啉	球虫。	口服：每次每千克体重 100～200 mg，连服 7 d。

（五）驱杀外寄生虫药物（表 8-5）

表 8-5 牛常用驱杀外寄生虫药物

药物名称	作用范围	用法与用量
伊维菌素（螨虫一针净）	驱杀螨、蜱、蝇、蚊、虻，主治因螨虫引起的传染性皮肤病。	皮下注射：每次每千克体重 200～400 μg，7 d 重复给药 1 次。
癣螨净 886 擦剂	驱杀螨、虱、蚤，对螨虫引起的皮肤病有特效。	患部涂擦，每天 2 次。
癣螨净 887 溶液	主治螨病、真菌性皮炎、脓皮症、湿疹等皮肤病。	药浴：使用时以温水稀释 100～200 倍。
癣螨净 888 注射液	主治因螨虫和真菌引起的传染性皮肤病，对蠕形螨和真菌混合感染的脓皮症有特效。	皮下注射：每次每千克体重 0.05～0.1 mL，7 d 重复给药 1 次。
5%溴氰菊酯（敌杀死）	驱杀螨、虱等。	用棉籽油稀释 1000～1500 倍，涂擦；用水稀释成 30～80 mg/L，药浴或喷淋。

三、驱虫药物使用方法

(一) 群体给药法

1. 混饲法

混饲法是把驱虫药物按使用剂量均匀地拌在饲料里，让牛自由采食。此法简单方便，牛只采食也比较均匀。大群体采用此法，更显工作效率和驱虫效果。

2. 混饮法

混饮法是把驱虫药物按使用剂量均匀地混入饮水中，让牛自由饮水。此法同混饲法一样，简单方便，效率高、效果好，也可适用于大群体。

3. 喷洒法

喷洒法是将驱虫药物配成一定浓度的溶液，均匀地喷洒在牛的体表以及牛只的活动场所，杀灭寄生虫及虫卵。

4. 撒粉法

撒粉法是将杀虫粉剂均匀地撒布在牛的体表以及牛只的活动场所。在寒冷的冬季，不便喷洒驱虫药液时，常用此法。

(二) 个体给药法

1. 药浴法

药浴法是将杀虫药物配制成一定浓度的溶液置于药浴池中，把患有体外寄生虫的牛只除头部以外的各部位浸于药液中 30～60 s，以杀灭体外寄生虫。

2. 涂擦法

涂擦法是将杀虫药物直接涂布于牛的患处，以杀灭体外寄生虫。

3. 内服法

内服法是将片剂、胶囊剂或液体剂型驱虫药进行口服或灌服，以驱除牛体寄生虫。

4. 注射法

注射法是将驱虫药剂通过肌内或皮下注射到牛体内，以达到驱虫的目的。

四、驱虫注意事项

(1) 驱虫药物的选择应遵循高效、低毒、经济与使用方便的原则，并定期驱虫，一般每季度进行 1 次。

(2) 大规模驱虫时，需先进行驱虫试验，对药物的剂量、用法、驱虫效果及毒副作用有一定认识后方可大规模应用。

（3）驱虫应在隔离条件下的场所进行，驱虫后应隔离一段时间，直至欲驱之病原物质排完为止。驱虫后牛排出的粪便和病原物质均应集中进行无害化处理。

（4）驱虫最好安排在下午或晚上进行，牛在第二天白天排出虫体，便于收集处理。内服驱虫时，宜在空腹时进行，投药前应停食数小时，只给饮水，以利于药物吸收，提高药效。

（5）新购入的牛不宜马上驱虫，因为环境变化、运输、惊吓等会产生应激。应先过渡饲养一段时间，待牛只稳定后再驱虫。

（6）驱虫应与健胃配合进行，驱虫 3 d 后健胃，以增进食欲，增强体质。

第三节　牛场的免疫接种

一、牛传染病分类

根据动物疫病对畜牧业生产和人体健康的危害程度，《中华人民共和国动物防疫法》对动物疫病进行了分类，国务院兽医主管部门制定并颁布了牛重大疫病种类（表 8 - 6）。

国家对动物疫病实行预防为主的方针，生产上应做好免疫接种工作。国家对严重危害畜牧业生产和人体健康的动物疫病实行强制免疫，如口蹄疫等。

表 8 - 6　　　　　　　　　　　牛重大疫病分类

疫病分类	概念	主要病种
一类传染病	对人和动物危害严重，需要采取紧急、严厉的强制预防、控制、扑灭等措施的疫病。	口蹄疫、牛瘟、牛传染性胸膜肺炎、牛海绵状脑病。
二类传染病	可能造成重大经济损失，需要采取严格控制、扑灭等措施，防止扩散的疫病。	布鲁菌病、牛结核病、炭疽、牛传染性鼻气管炎、牛出血性败血病、魏氏梭菌病、弓形虫病、棘球蚴病、牛梨形虫病、牛恶性卡他热病等。

续表

疫病分类	概念	主要病种
三类传染病	常见多发、可能造成重大经济损失，需要控制和净化的疫病。	牛流行热、牛病毒性腹泻、大肠埃希菌病、牛生殖器官弯曲杆菌病、毛滴虫病、牛皮蝇蛆病等。

二、免疫接种类型

（一）预防接种

预防接种是为了预防某些传染病的发生与流行，有组织、有计划地按拟定的免疫程序给健康牛进行免疫接种。免疫接种方法有皮下注射、肌内注射等。

（二）紧急接种

紧急接种是指在发生传染病时，为了迅速控制和扑灭疫病的流行和蔓延，而对疫区和受威胁地区未发病的假定健康牛进行紧急接种，对患牛和处于潜伏期的牛不能接种疫苗，应立即进行隔离治疗或扑杀。

三、牛用疫苗及其运输与保存

（一）牛常用疫苗

牛用疫苗主要有灭活苗和弱毒苗，常用的疫苗见表8-7：

表8-7　　　　　　　　　　　　牛常用疫苗

序号	疫苗名称	疫苗使用	免疫保护期
1	牛瘟兔化活疫苗	皮下或肌内注射1 mL。	14 d产生免疫力，保护期1年。
2	牛瘟山羊化兔化活疫苗	液体苗肌内注射2 mL，冻干苗肌内注射1 mL。	14 d产生免疫力，保护期1年。
3	牛瘟绵羊化兔化活疫苗	液体苗肌内注射2 mL，冻干苗肌内注射1 mL。	14 d产生免疫力，保护期1年。
4	牛副伤寒灭活菌苗	1岁以下肌内注射1～2 mL，1岁以上肌内注射2～5 mL。	14 d产生免疫力，保护期6个月。

续表1

序号	疫苗名称	疫苗使用	免疫保护期
5	牛巴氏杆菌灭活菌苗	皮下或肌内注射，100 kg 以下 4 mL，100 kg 以上 6 mL。	20 d 产生免疫力，保护期 9 个月。
6	牛肺疫活菌苗	氢氧化铝苗臀部肌内注射，成年牛 2 mL，6～12 月龄 1 mL；氢氧化铝盐水苗皮下注射，成年牛 1 mL，6～12 月龄 0.5 mL。	保护期 1 年。
7	口蹄疫 O 型、A 型活疫苗	12～24 月龄肌内注射 1 mL，24 月龄以上 2 mL。	14 d 产生免疫力，保护期 4～6 个月。
8	牛口蹄疫灭活疫苗	肌内注射 2 mL。	保护期 4～6 个月。
9	狂犬病灭活疫苗	后腿或臀部肌内注射 25～30 mL。	保护期 6 个月。
10	伪狂犬病活疫苗	2～4 月龄 1 mL，断奶后 2 mL，5～12 月龄 2 mL，12 月龄以上和成年牛 3 mL。	6 d 产生免疫力，保护期 1 年。
11	牛环形泰勒虫活虫苗	臀部肌内注射 1～2 mL。	21 d 产生免疫力，保护期 1 年。
12	抗牛瘟血清	肌内注射或静脉注射，预防量，100 kg 以下 30～50 mL，100～200 kg 30～50 mL，200 kg 以上 80～100 mL；治疗量加倍。	保护期 14 d。
13	无毒炭疽芽孢苗	1 岁以下皮下注射 0.5 mL，1 岁以上 1 mL。	14 d 产生免疫力，保护期 1 年。
14	Ⅱ号炭疽芽孢苗	皮下注射 1 mL。	14 d 产生免疫力，保护期 1 年。
15	气肿疽明矾菌苗	皮下注射 5 mL。	14 d 产生免疫力，保护期 6 个月。

续表2

序号	疫苗名称	疫苗使用	免疫保护期
16	牛痘苗	皮下注射 0.2～0.3 mL。	保护期 1 年。
17	破伤风类毒素	皮下注射，小牛 0.5 mL，大牛 1 mL。	1 个月产生免疫力，保护期 1 年。
18	牛魏氏梭菌病灭活疫苗	皮下注射 5 mL。	保护期 6 个月。
19	牛流行热疫苗	皮下注射，1 岁以下 2 mL，1 岁以上 4 mL。	保护期 6 个月。

（二）疫苗的运输

疫苗运输过程中应避免高温、阳光直射和冻融，一般在 2 ℃～8 ℃下或配带冰袋的保温瓶内运输。

（三）疫苗的保存

灭活疫苗、弱毒疫苗和稀释液分层放置，病毒性弱毒疫苗和细菌性弱毒疫苗最好在－20 ℃下保存，灭活苗应在 0 ℃～4 ℃下避光保存（图 8-7、图 8-8）。

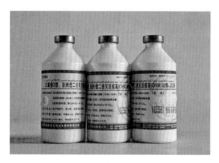 

图 8-7　口蹄疫二价灭活疫苗　　　　图 8-8　冷库存放疫苗

四、免疫程序

每个牛场都应根据当地疫病流行情况制定免疫程序，疫苗的使用方法以生产厂家的使用说明书为准。以下免疫程序仅供参考（表 8-8）。

表 8 - 8　　　　　　　　　　　　牛场参考免疫程序

免疫时间	预防疫病	疫苗名称	接种方法	免疫期
1月龄	牛炭疽	无毒炭疽芽孢苗或Ⅱ号炭疽芽孢苗	皮下注射，以后每年春季免疫1次。	1年
	狂犬病	狂犬病灭活疫苗	肌内注射，以后每年春、秋季各免疫1次。	6个月
	破伤风	破伤风类毒素	皮下注射。	1年
1～2月龄	牛气肿疽	气肿疽明矾菌苗	皮下注射。	6个月
3～4月龄	牛口蹄疫	牛口蹄疫疫苗（O型、亚洲Ⅰ型二价苗，种公牛及部分地区需接种A型活疫苗）	皮下或肌内注射，3月龄首免，4月龄加强1次，以后每隔4～6个月免疫1次，或每年春、秋各免疫1次，疫区可在冬季加强免疫1次。	4～6个月
4～5月龄	牛出血性败血症	牛巴氏杆菌灭活菌苗	皮下或肌内注射。	9个月
	牛魏氏梭菌病	牛魏氏梭菌病灭活疫苗	皮下注射，以后每年春、秋季各免疫1次。	6个月
6月龄	牛气肿疽	气肿疽明矾菌苗	皮下注射，以后每年春、秋季各免疫1次。	6个月
7月龄	破伤风	破伤风类毒素	皮下注射，以后每年免疫1次。	1年
成年牛	牛流行热	牛流行热灭活疫苗	皮下注射，每年4～5月免疫2次，每次间隔21 d，6月龄以下剂量减半。	6个月

五、免疫副作用及其救治措施

免疫副作用是指动物接种疫苗后，因疫苗或动物个体因素，少数动物出现与免疫作用无关的不良反应。

(一) 局部反应

1. 症状

注射部位出现"红、肿、热、痛"的症状，造成牛只不能扭头或低头采食受阻。

2. 处理措施

局部轻微炎性肿胀，一般可不做处理；如果炎性肿胀严重，可在肿胀部位涂抹碘酊及消炎类软膏等药物；如局部深层化脓并形成脓包，可实施手术切开排脓，并用消毒药液（如聚维酮碘溶液）清洗脓腔，创口四周皮肤涂布碘酊。

(二) 一般性全身反应

1. 症状

一般性全身反应表现为体温升高、食欲不佳、精神沉郁、呼吸加快、行动迟缓等，一般可随时间推移，症状会逐渐减轻，甚至完全消失。

2. 处理措施

对症治疗，轻微症状可不治疗，一般 2~3 d 可恢复；如继发细菌感染，可用抗生素治疗。

(三) 严重副作用

1. 症状

严重副作用表现为站立不稳、步态蹒跚、呼吸困难、肌肉震颤、口吐白沫、角弓反张、皮肤充血发绀、可视黏膜发绀、大小便失禁，甚至是倒地抽搐、鼻孔出血、孕牛流产等，也有高度兴奋、乱冲乱撞等。如抢救不及时，牛只会发生死亡。

2. 处理措施

及时皮下注射 0.1％盐酸肾上腺素 5 mL，视病情程度，可在 30 min 左右重复给药 1 次。对已休克的牛只，首先迅速针刺耳尖、尾根、蹄端等部位，放少许血；再用凉水浇其头部，同时按压胸部，帮助牛只恢复呼吸；然后静脉滴注加有维生素 C、维生素 B_6、安乃近、樟脑磺酸钠的 10％~25％葡萄糖注射液 500~2000 mL，之后再静脉滴注 5％碳酸氢钠 500 mL。当牛只体温低于 36.5 ℃时，除用上述药物外，在葡萄糖注射液中加入乙酰辅酶 A、三磷酸腺苷、肌苷静脉滴注，待牛只苏醒后，换成 5％碳酸氢钠滴注。对注射疫苗后 1~2 h 出现流产症状的孕牛，可注射 0.1％盐酸肾上腺素 5 mL、黄体酮 100 mg，在 6 h 后，重复给药 1 次。

六、免疫接种注意事项

（1）生物药品的保存、使用应严格按照说明书的规定进行，生物药品不能混合使用，更不能使用过期疫苗。

（2）接种用具（注射器、针头）及注射部位应严格消毒。注意不能直接用碘酊消毒，可用75%乙醇棉球进行消毒，待乙醇发挥后再注射。

（3）注射疫苗时应一头牛更换一针头，以防疫病传播。接种前，应确保牛体健康，因为病牛抵抗力弱，注射疫苗可能会加重病情。怀孕母牛应慎用疫苗，有的疫苗是弱毒苗，能引起母牛流产、早产或死胎，最好在配种前或产后体质恢复后再注射疫苗。不可过早（2月龄以内）给犊牛注射疫苗，因为初生犊牛可从母体获得抗体，过早注射疫苗会干扰母源抗体。

（4）装过生物药品的空瓶和当天未用完的生物药品，应焚烧或深埋处理，焚烧前应撬开瓶塞，用高浓度漂白粉溶液进行冲洗。

（5）疫苗接种2～3周应注意观察接种牛，如发生严重副作用，应及时发现并进行抢救。

（6）应建立免疫接种档案，详细记录接种日期、疫苗名称、生物药品批号等。

第四节　黄牛常见疾病的防治

一、牛口蹄疫

牛口蹄疫是由口蹄疫病毒引起的偶蹄动物的一种急性、热性、高度接触性传染病，以口腔黏膜、蹄部、乳房等处形成水疱、溃疡为主要特征。口蹄疫有A、O、C、南非1、南非2、南非3和亚洲I等7种主型，各主型之间不能交叉免疫。潜伏期为2～4 d，长的可达一周。

（一）临床症状

1. 良性口蹄疫

多是成年牛发生，体温升高，可达41 ℃，明显流涎。鼻镜、齿龈、舌黏膜、趾间皮肤和乳头初期出现肿胀和水疱，水疱逐渐破溃并形成糜烂、溃疡和结痂。可出现腹泻症状，严重时排黑红色带血稀便（图8-9、图8-10）。

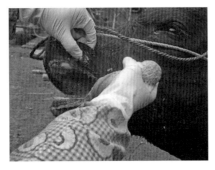

图 8 - 9　齿龈和舌尖溃疡　　　　图 8 - 10　舌部肿胀破溃

2. 恶性口蹄疫

主要是犊牛发生，可无明显临床症状而突然死亡，有的病牛也可先出现精神沉郁后死亡。

（二）病理变化

1. 良性口蹄疫

鼻镜、齿龈、舌黏膜、趾间皮肤和乳头发生肿胀、水疱、糜烂、溃疡和结痂。瘤胃黏膜肉柱沿线无绒毛处见多个溃疡灶，真胃黏膜散布出血或溃疡灶（图 8 - 11），发生出血性肠炎。

2. 恶性口蹄疫

主要病变为"虎斑心"，即变质性心肌炎，因部分心肌变性和坏死呈灰白色或黄白色，使红色的心脏表面和切面出现灰白色或黄白色斑点、条索和斑块，形似虎皮的花纹（图 8 - 12）。典型病例还可见变质性骨骼肌炎，即在病死牛的股部、肩胛部、前臂部和颈部的肌肉切面可见有灰白色或灰黄色条纹与斑点。

图 8 - 11　瘤胃黏膜溃疡灶　　　　图 8 - 12　虎斑心

（三）防控措施

（1）口蹄疫一般情况不允许治疗，应严格按照我国《口蹄疫防制技术规范》进行处理。疑似本病发生，应立即向当地兽医主管部门报告，并在兽医主管部门的指导下，采取封锁、隔离、扑杀、消毒、紧急接种等综合措施，控制和消灭疫情。

（2）防控该病最有效的措施是疫苗接种，每年春季和秋季都要注射口蹄疫疫苗。

二、犊牛支原体病

该病是由牛支原体引起犊牛肺炎、关节炎和乳房炎等。

（一）临床症状

病犊初期流液状鼻液，随病程加长，鼻液逐渐呈黏液性或脓性，咳嗽，气喘，呼吸困难。腕关节、膝关节和跗关节明显肿大，站立不稳，跛行，病程 1 周至 2 个多月。体温不高或轻度升高，可达 40.5 ℃，后期机体逐渐消瘦。发病率 20%～80% 以上，死亡率 5%～23.5%。

（二）病理变化

犊牛胸部皮下呈胶样浸润，关节明显肿大，关节腔内有大量黄色的关节液和脓性物质，在关节周围和肋骨之间的肌肉内也可形成化脓灶，周围可见结缔组织包囊。轻度病例可见肺炎灶，有出血斑点，气管和支气管内有黄绿色脓性渗出物；严重病例整肺发生实变，体积增大、质硬，肺小叶内密布化脓灶。肝脏肿大，质度较脆，呈局灶性土黄色；肾轻度肿大，表面散在小出血点；心力衰竭，横径增宽，心内膜和心外膜可见出血斑点；颈胸部淋巴结肿大，咽后淋巴结明显肿大，较湿润，呈灰黄色；真胃黏膜充血、潮红（图 8-13、图 8-14）。

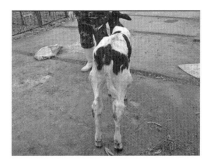

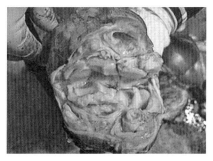

图 8-13　病犊后肢跗关节肿大　　图 8-14　关节腔内化脓灶

（三）防控措施

（1）加强饲养管理，保证营养，做好日常保健，提高机体抵抗力，降低其他病原的感染机会，尽量减少长途运输、极端天气、拥挤、饥渴、混群等应激因素或降低其造成的影响。

（2）在疾病早期使用泰乐菌素、长效土霉素、林可霉素、泰妙菌素等抗生素，辅以黄芪多糖等免疫增强剂治疗可有明显的疗效。

三、牛结核病

该病是由牛结核分枝杆菌引起的一种人畜共患的慢性消耗性传染病，潜伏期一般为 10～15 d，也可达数月甚至数年。

（一）临床症状

1. 隐性结核

多见于成年牛，不表现疾病症状。

2. 开放性结核

多见于犊牛，可引起犊牛死亡。病犊进行性消瘦，普遍咳嗽、呼吸困难、张口腹式呼吸。有的牛下颌淋巴结肿大明显，无热痛；有的病牛下颌部和咽喉部明显肿大，前后肢关节肿大，流清黄色至脓性鼻液。持续嚎叫，病程 1～2 个月，便秘与腹泻交替出现或顽固性下痢。中枢神经系统受侵害时，常引起神经症状，如癫痫样发作、运动障碍等。

（二）病理变化

1. 隐性结核

多在牛结核病检疫时或屠宰时发现，主要在肺和淋巴结出现结核性肉芽肿或干酪样坏死灶，如咽后淋巴结、肺门淋巴结等。

2. 开放性结核

全身多数淋巴结明显肿大，质度坚硬，呈灰白色。肺脏表面和切面均可见大小不等的灰白色结核性肉芽肿，严重时发生钙化。肝脏、肾脏、脾脏、空肠、脑组织处及胸腹膜腔浆膜表面可见结核性肉芽肿（图 8 - 15、图 8 - 16）。

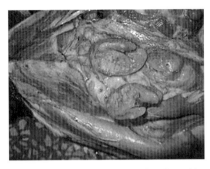 

图 8-15　下颌淋巴结干酪样坏死灶　　图 8-16　肺脏粟粒大小结核性肉芽肿

（三）防控措施

（1）目前尚无有效的疫苗，本病的预防主要是采取检疫、分群隔离、培育健康犊牛群的措施。定期对牛群用结核菌素试验进行检疫，再结合酶联免疫吸附试验进行确认，检出的阳性牛严格扑杀，并进行无害化处理，净化牛群。

（2）发病牛应按《中华人民共和国动物防疫法》及有关规定，采取扑杀和无害化处理措施，防止病原扩散。

（3）用 5%来苏儿或 3%氢氧化钠或 0.1%～0.5%过氧乙酸消毒牛舍、用具及运动场等。

四、副结核病

该病是由副结核分枝杆菌引起的慢性消耗性传染病，又称副结核性肠炎，以顽固性腹泻、肠黏膜增厚为主要特征。潜伏期长，达 6～12 个月，甚至数年。

（一）临床症状

本病以顽固性腹泻、高度消瘦为临床特征。起初为间歇性腹泻，后发展到顽固性下痢。排泄物稀薄、恶臭、带泡沫、黏液或血液凝块。食欲逐渐消退，病牛消瘦，眼窝下陷，泌乳减少或停止，高度营养不良，皮肤粗糙，被毛松乱，下颌及垂皮等低下部位可见水肿，最后因全身衰弱死亡。抵抗力强的病牛，腹泻可暂时停止，一旦抵抗力下降，则很快死亡。

（二）病理变化

主要病变在消化道和肠系膜淋巴结，以肠黏膜增厚、肠系膜淋巴结肿大为特征。病变常限于空肠、回肠和结肠前段，肠壁增厚可达 3～30

倍。肠黏膜呈灰白色或灰黄色，皱褶突起初常呈充血状态。肠系膜淋巴结高度肿胀，肠系膜显著水肿（图8-17、图8-18）。

 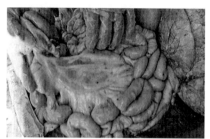

图8-17　肠道浆膜和肠系膜水肿　　　　图8-18　肠系膜淋巴结肿大

（三）防控措施

（1）目前尚无有效的治疗药物，可采取对症治疗，如止泻、补液、补盐等。

（2）目前尚无有效的疫苗。预防本病重在加强饲养管理，定期检疫、隔离和淘汰病牛，被病牛污染的栏舍、用具等用消毒药进行严格消毒。引种时严格检疫，不要从疫区引进新牛。

（3）曾发生过该病的牛群，每年实行4次检疫，如3次以上为阳性，可视为健康牛群。

五、牛病毒性腹泻-黏膜病

该病是由牛病毒性腹泻病毒引起以发热、黏膜糜烂溃疡、白细胞减少、腹泻、免疫耐受与持续感染、免疫抑制、先天性缺陷、咳嗽、怀孕母牛流产、产死胎或畸形胎为主要特征的一种接触性传染病。潜伏期7～10 d。

（一）临床症状

1. 急性型

病牛突然发病，体温升高至40 ℃～42 ℃，持续4～7 d，有的呈双相热。病牛精神高度沉郁，食欲减退或废绝，鼻腔流鼻液，流涎，咳嗽，呼吸加快。鼻、口腔、齿龈及舌面黏膜出血、糜烂，呼气恶臭。常在口内损害之后发生严重腹泻。有些病牛常引起蹄叶炎及趾间皮肤糜烂坏死，导致跛行。急性病牛恢复的少见，常于发病后5～7 d死亡，少数病程可拖延1个月。

2. 慢性型

发热不明显，鼻镜糜烂，眼有浆液性分泌物。鬐甲、背部及耳后皮肤常出现局限性脱毛和表皮角质化，甚至破裂。慢性蹄叶炎和趾间坏死导致蹄冠周围皮肤潮红、肿胀、糜烂或溃疡，跛行。间歇性腹泻。多于发病后 2～6 个月死亡。

（二）病理变化

主要病变在消化道和淋巴组织。鼻镜、鼻孔黏膜，以及齿龈、唇内面、上腭、舌面两侧和颊部黏膜有糜烂及浅溃疡，严重病例在咽喉部黏膜有溃疡及弥散性坏死。特征性病变是食道黏膜糜烂。流产胎儿的口腔、食道、真胃及气管内有出血斑及溃疡。运动失调的犊牛，可见小脑发育不全及两侧脑室积水。消化道黏膜出血、充血、糜烂、溃疡（图 8 - 19、图 8 - 20）。

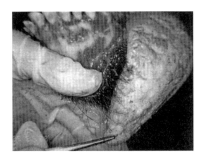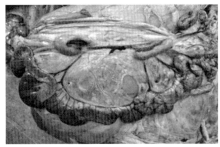

图 8 - 19　齿龈与下腭黏膜溃烂　　　**图 8 - 20　肠系膜淋巴结肿胀出血**

（三）防控措施

（1）目前尚无特效疗法，可根据病情采用对症疗法，在发病早期及时补液，应用抗生素防止继发感染等。

（2）一旦发生本病，对病牛要进行隔离治疗或急宰。被污染的牛舍、用具及周围环境要进行彻底消毒。

（3）本病重在平时预防，弱毒苗或灭活苗可预防和控制本病。

六、前后盘吸虫病

前后盘吸虫种类多，有的灰白色，有的深红色。虫体呈圆柱状或圆锥状，虫卵椭圆形，灰白色。成虫寄生于瘤胃和网胃内，幼虫寄生在真胃、小肠、胆管和胆囊（图 8 - 21）。

（一）临床症状

成虫在牛瘤、网胃壁上寄生，一般无明显症状。但若大量童虫感染，可引起顽固性拉稀，粪便成粥样或水样，并有腥臭。严重时颌下水肿，精神沉郁，食欲减退，逐渐消瘦，贫血，结膜苍白，血液稀薄。病至后期，病畜极度瘦弱，卧地不起，衰竭而亡（图 8 - 22）。

图 8 - 21　前后盘吸虫　　　　　图 8 - 22　寄生在网胃中的前后盘吸虫

（二）防治措施

加强饲养管理，搞好环境卫生。春秋进行预防性驱虫，常用驱虫药有：硫双二氯酚口服 40～60 mg/kg，氯硝柳胺口服 0.4 mg/kg（10 d 后重复 1 次），溴羟苯酰苯胺口服 40～50 mg/kg。

七、牛吸吮线虫病

牛吸吮线虫病俗称牛眼虫病，又称寄生虫性结膜角膜炎，常由寄生于黄牛、水牛的结膜囊、第三眼睑和泪管的牛眼线虫引起。

（一）临床症状

常因吸吮线虫机械性地损伤结膜和角膜引起角膜炎，临床上常见眼潮红、流泪和角膜混浊等症状，炎性加剧时眼内有脓性分泌物流出，上眼睑处黏合，如继发细菌感染可致失明。发现吸吮线虫可确诊，用手轻压眼背部，再用镊子把第三眼睑提起，查看有无虫体，也可用 3％的硼酸溶液强力冲洗第三眼睑内侧和结膜囊，摘取冲洗液看有无虫体（图 8 - 23、图 8 - 24）。

图 8‑23　牛吸吮线虫　　　图 8‑24　夹出虫体

（二）防治措施

（1）每年冬春季节对全部牛只进行预防性驱虫，经常打扫牛舍，注意环境卫生。

（2）感染虫体时用手术的方法取出虫体，1/1500 碘溶液冲洗两次；也可用 2％～4％硼酸水洗眼，强力冲出虫体，1％～2％左旋咪唑水点眼。

（3）治疗时，还可用左旋咪唑口服 8 mg/kg，一天 1 次，连服 2 d；或用 1％～2％美曲磷酯溶液点眼，一天 1 次，连服 2 d。

八、日本血吸虫病

日本血吸虫病是由日本血吸虫寄生在肠系膜静脉血管中引起的一种人畜共患寄生虫病。

（一）临床症状

病牛消瘦、腹泻，粪便内带有黏液和血液。黄牛症状比水牛明显，犊牛症状明显。大多数感染后无明显症状而带虫，带虫牛不断排出虫卵而成为人畜血吸虫病的流行根源。

（二）病理变化

幼虫侵入皮肤后，常引起局部过敏性皮炎，呈红色丘疹状。到达肺脏后，造成出血性肺炎。成虫寄生处可引起静脉炎、血栓和静脉周围炎、贫血。虫卵在肝脏、肠壁等组织中形成虫卵结节（图 8‑25、图 8‑26）。

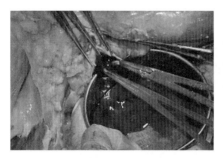

图 8－25　经门静脉冲出血吸虫　　图 8－26　肠系膜血管中血吸虫

（三）防治措施

应做好管粪管水、查病治病、查螺灭螺以及卫生防护等工作，治疗药物可选用硝硫氰胺、吡喹酮等。

九、胎衣不下

胎衣不下，又称为胎衣停滞，是指母牛分娩后不能在正常时间内将胎衣完全排出。牛分娩后，胎衣一般在 4～8 h 可自行排出，超过 12 h 没有全部排出，即为胎衣不下。

（一）临床症状

1. 全部胎衣不下

停滞的胎衣悬垂于阴门之外，呈绳索状，且常被粪土、草渣污染。如悬垂于阴门外的是尿膜羊膜部分，则呈灰白色膜状。当子宫高度弛缓及脐带断裂过短时，也可见到胎衣全部滞留于子宫或阴道内。

2. 部分胎衣不下

残存在母体胎盘上的胎儿胎盘仍存留于子宫内。胎衣不下可伴发子宫炎，且其腐败分解产物可被机体吸收而引起全身性反应。

（二）治疗方法

1. 药物疗法

皮下或肌内注射垂体后叶注射液或催产素注射液 50 万～100 万单位。

2. 手术剥离

掏尽直肠积粪，用 0.1％高锰酸钾液洗净外阴。左手握住外露胎衣，右手顺阴道伸入子宫，将胎儿胎盘与母体胎盘分开，边剥离边适时用力拉胎盘即可完整剥离。剥离完成后，用 0.1％高锰酸钾液冲洗子宫，放置或灌注抗菌防腐药剂，以防感染（图 8－27、图 8－28）。

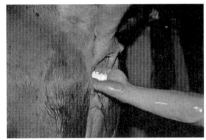

图 8 - 27 以扭转方式使胎盘脱离　　图 8 - 28 剥离后用抗生素涂抹创面

十、瘤胃臌气

瘤胃臌气是指牛只采食大量易发酵的草料，导致瘤胃内积聚大量气体，致使瘤胃体积增大而引起的瘤胃消化功能紊乱的一种疾病。

（一）临床症状

1. 急性瘤胃臌气

发病快，腹围增大，左肷部臌胀尤为明显，有时高出髋结节，按之有弹性，叩之如鼓音，瘤胃蠕动消失。呼吸迫促或呼吸困难，张口伸舌，眼球突出，心悸亢进，静脉怒张，结膜发蓝紫色，呻吟，如不及时抢救治疗，很快倒地死亡（图 8 - 29）。

2. 慢性瘤胃臌气

食欲减少，反刍、嗳气比较缓慢。臌气较轻时，数小时后可自行消失，但易复发，复发后有时比前次病势加重。

（二）治疗方法

1. 排气减压

（1）口衔木棒法：对较轻的病例，可使病牛保持前高后低的体位，在小木棒上涂鱼石脂（对役牛也可涂煤油）后衔于病牛口内，同时按摩瘤胃或踩压瘤胃，促进气体排出。

（2）胃管排气法：严重病例，当有窒息危险时，应实行胃管排气法。

（3）瘤胃穿刺排气法：有窒息危险且不能实施胃管排气法时应瘤胃穿刺排气，用套管针、一个或数个 20 号针头插入瘤胃内放气即可。此法仅对非泡沫性臌胀有效（图 8 - 30）。

（4）手术疗法：当药物治疗效果不显著时，特别是严重的泡沫性臌胀，应立即施行瘤胃切开术，排气并取出其内容物。病势危急时可用尖刀在左肷部插入瘤胃，放气后缝合切口。

图 8-29　瘤胃臌胀　　　　　　　图 8-30　瘤胃穿刺

2. 止酵

大蒜头 200～300 g 或大蒜酊 100 mL、95％乙醇或白酒 100～150 mL、松节油 20～30 mL，一次内服。也可用苦味酊 50～100 mL，一次内服。非泡沫性臌气重症者，可用鱼石脂 30 g、乙醇 100～150 mL 经套管针筒注入瘤胃。

3. 胃肠消导

用硫酸钠（或硫酸镁）300～500 g、液体石蜡油 500～2000 mL、植物油 500～1000 mL 进行肠胃消导。

十一、创伤性网胃心包炎

牛误食混入饲料中的各种异物，如铁丝、铁钉、钢丝、缝针、玻片等，由于胃的收缩蠕动而刺伤或刺破胃壁、刺伤心包所致（图 8-31）。

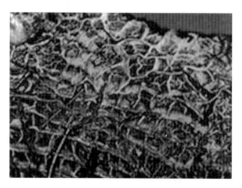

图 8-31　网胃中的金属异物

（一）临床症状

在正常饲养情况下，突然发生顽固性的前胃弛缓。食欲减少，反刍突然中止，又突然恢复，起卧动作谨慎。有时急起急卧，卧地时头颈伸直。有时出现瘤胃积食和臌气，背拱起，肘关节常向外展，肘肌发抖，颈静脉努张，下颌、胸部和下腹部出现浮肿等症状。

（二）治疗方法

主要应精心饲养，有条件者，精料、铡草必须过电磁筛，除去异物。发病时可在牛胃投放取铁器，让病牛充分运动，将异物吸附在磁棒上，然后拉出磁棒。或当急性发作时，投放磁铁，吸附异物。若上述方法无效，应进行手术疗法。

十二、腐蹄病

腐蹄病也叫趾间腐烂，是舍饲牛的常发病。主要是由于缺乏运动、舍内潮湿、蹄部长期泡在粪尿中、趾间或蹄部皮肤破损等，造成杆菌和化脓菌感染而引起。

（一）临床症状

蹄部肿大，跛行，局部发热，趾间溃烂，随病程延长，蹄底或蹄间形成溃疡，有的溃烂形成空洞，流出臭水。严重者可引起化脓性腱鞘炎及关节炎，最终丧失生产能力（图 8－32）。

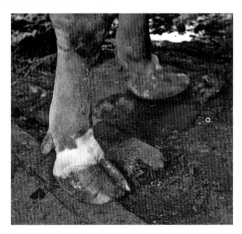

图 8－32　蹄冠肿胀

（二）治疗方法

（1）先用清水或 3％甲酚皂、1％高锰酸钾等消毒液洗净并除去坏死组织，患处涂布硫酸铜水杨酸粉（1：1），或磺胺二甲基嘧啶等抗生素粉，再用绷带包扎。2～3 d 换药 1 次。

（2）涂布中药血竭粉，用烙铁轻烙，使血竭粉溶化为一层保护膜，再用绷带包扎。

（3）青霉素 240 万～320 万单位，每天 2 次肌内注射。在病状减轻后，用其他抗生素配合皮质激素治疗。

十三、蹄叶炎

蹄叶炎是蹄真皮的弥漫性无菌炎症，又称蹄真皮炎。

(一) 临床症状

多发于两后肢内侧趾，分为急性、亚急性、慢性。常表现肢跛，后肢前踏或前肢后踏。急性蹄叶炎表现白线变宽、出血。亚急性者症状稍轻。慢性者蹄壳变形，呈狭长蹄或低蹄，蹄尖伸长。重度出现芜蹄，蹄尖翘起，蹄踵直立，蹄底变薄，蹄骨朝底乃至穿底（图 8-33）。

图 8-33　重度蹄叶炎

(二) 治疗方法

病初可用冷敷，针刺蹄头放血治疗，放血量约为 500 mL，同时可在前肢胸膛穴和后肢肾堂穴放血。口服蛋氨酸粉或肌注抗组胺药促进蹄角化。

十四、母牛产后瘫痪

产后瘫痪是母牛产后突然发生的一种疾病，多发生于 4～5 胎以上的经产母牛。主要是由于产后大量泌乳引起血钙急剧下降而引起的。另外，妊娠期间饲料中钙含量不足或钙磷比例失调等都是发病的原因。缺钙和钙磷比例不平衡也可引起产后瘫痪，并影响胎儿发育。

（一）临床症状

在产后 3 d 之内发生，也有少数在产前几小时发生。病症较轻的表现食欲不振，精神沉郁，对事物反应迟钝，走路不稳，后肢发软，体温一般正常。不愿站立，卧地时头颈向侧后弯曲至胸部。病重的，反刍停止，后躯摇摆，卧地不能站立。卧地时将同侧前、后肢伸向一侧，头弯至同侧胸部，搭于腿上，体温下降至 36 ℃ 以下，四肢末梢发凉。

（二）治疗方法

（1）10％葡萄糖酸钙 300～500 mL、25％葡萄糖 500 mL、20％安钠咖 10 mL，缓慢静脉注射。病重者 3 d 后重复 1 次。

（2）25％硫酸镁 100 mL、10％～25％葡萄糖 500 mL，静脉注射。

（3）乳房送风法：①挤出奶汁，用乙醇棉球消毒乳头和乳导管后，轻轻转动导管插入乳房内，接上乳房送风器或打气筒，分别向 4 个乳区轻轻打气。以乳房饱满，手指轻敲似鼓音为度。②用绷带扎住乳头根部（不能太紧），1～2 h 后解开。如效果不好，3 h 后重复一次。

（4）乳房注入乳汁法：用健康牛的鲜奶 1000～2000 mL，用乳导管注入 4 个乳区内。

（三）预防措施

（1）配种后的母牛饲料中适当增加钙磷含量。

（2）妊娠牛营养状况良好时，在分娩前及分娩后 1 周内减少精饲料。

（3）对患过瘫痪的牛在产前补加钙粉，或静脉注射 10％葡萄糖酸钙或维生素 D_3 等。

十五、尿素中毒

尿素可以作为反刍动物蛋白质饲料的补充来源，但喂量过大或误食过量时可引起尿素中毒。这是由于过量的尿素在胃肠道内释放大量的氨，引起高氨血症而使牛中毒。

（一）临床症状

一般为急性中毒。发病急，死亡快。表现有流涎，磨牙，腹痛，踢腹，尿频，呕吐，鸣叫，抽搐，肌肉震颤，运动失调，强直性痉挛，呻吟，心率加快，呼吸困难，全身出汗，瘤胃臌胀并有明显的静脉搏动。死前体温升高。慢性中毒时，四肢发僵，以后卧地不起。

（二）治疗方法

（1）急性瘤胃臌气时要及时进行瘤胃穿刺放气（放气速度不能太

快)。

（2）灌服冷水 20 kg 以上，以稀释胃内容物，减少氨的吸收。

（3）呼吸困难时，可使用盐酸麻黄碱，成年牛肌内注射 50～300 mg。

（4）对症治疗，可用 10％葡萄糖酸钙 300 mL，25％葡萄糖 500 mL，静脉注射。

（三）预防措施

（1）尿素的添加量不超过总日粮的 1％，或谷类日粮的 3％。添加尿素的饲料要搅拌均匀。初次饲喂大约为正常用量的 1/10，以后逐步增加到正常的喂量。

（2）不能将尿素溶入水中饮用，犊牛不宜喂尿素。

（3）给牛添加尿素时，不能过多饲喂豆类、南瓜等含有脲酶的饲料。

十六、犊牛白痢

犊牛白痢又叫犊牛大肠埃希菌病，是犊牛常见的一种急性、败血性传染病，发病急、死亡快。舍内卫生状况差，母牛体质不好，产后犊牛体弱或未及时吃上初乳等都是病因。

（一）临床症状

1. 败血型

多发生于产后 3 d 内未吃初乳的犊牛，或第 1 次吃初乳后，大肠埃希菌从消化道进入血液，引起急性败血病。表现为，体温 41～41.5 ℃，排黄绿色水样稀便，腥臭。

2. 肠型

多见于 4～10 日龄的犊牛，病初不食，喜躺卧，体温 40 ℃左右，腹泻由黄色粥样变水样或灰白色，混有凝乳块、血液和泡沫，有酸臭味，腹疼，出现下痢后体温降至 38 ℃左右，病程长的可并发肺炎或关节炎，及时治疗可治愈。

（二）治疗方法

（1）5％葡萄糖盐水 500～1000 mL、内加青霉素钠盐或其他抗生素、维生素 C 等药，静脉注射，并注射 5％碳酸氢钠（以防酸中毒）或复方氯化钠。

（2）肌内注射庆大霉素、青霉素、链霉素等，每天 2 次。

（3）内服氟哌酸、磺胺咪等并加入次硝酸铋 5～10 g 或活性炭 10～20 g。

第五节　病死牛的无害化处理

一、掩埋法

掩埋法是指按照相关规定，将动物尸体及相关动物产品投入化尸窖或掩埋坑中并覆盖、消毒，发酵或分解动物尸体及相关动物产品的方法。

(一) 掩埋坑

掩埋坑底应高出地下水位 1.5 m 以上，坑底洒一层厚度为 2～5 cm 的生石灰或漂白粉等消毒药，掩埋物顶部距坑面不少于 1.5 m，覆盖距地表 20～30 cm、厚度不少于 1～1.2 m 的覆土。掩埋覆土不要太实，以免腐败产气造成气泡冒出和液体遗漏。掩埋后，应对掩埋场所进行消毒，并设立警示标识（图 8 - 34、图 8 - 35）。

图 8 - 34　掩埋病死牛　　　　图 8 - 35　在掩埋场所设立警示标识

(二) 化尸窖

化尸窖为砖和混凝土，或者钢筋和混凝土密封结构，防渗防漏。投放前，在化尸窖底部铺洒一定量的生石灰或消毒液。投放后，投置口密封加盖加锁，并对投置口、化尸窖及周边环境进行消毒。当化尸窖内动物尸体达到容积的 3/4 时，应停止使用并密封。当动物尸体完全分解后，清理出残留物，并进行焚烧或掩埋处理（图 8 - 36）。

图 8 - 36　化尸窖

二、焚烧法

焚烧法是指在焚烧容器内，使动物尸体及相关动物产品在富氧或无氧条件下进行氧化反应或热解反应的方法。操作上，将动物尸体及相关动物产品或破碎产物，投至焚烧炉本体燃烧室，经充分氧化、热解，产生的高温烟气进入二燃室继续燃烧，产生的炉渣经出渣机排出。也有放野外焚烧，但焚烧后应掩埋（图8-37）。

图8-37　焚烧病死牛

三、化制法

化制法是指在密闭的高压容器内，通过向容器夹层或容器通入高温饱和蒸汽，在干热、压力或高温、压力的作用下，处理动物尸体及相关动物产品的方法。化制法又可分为干化法和湿化法，干化法处理时间在4 h以上，湿化法处理时间在30 min以上，具体处理时间随需处理动物尸体及相关动物产品或破碎产物种类和体积大小而定（图8-38、图8-39）。

图8-38　化制设备（一）　　　图8-39　化制设备（二）

四、高温生物降解法

高温生物降解法是指将动物尸体及相关动物产品与稻糠、木屑等辅料按要求摆放，利用动物尸体及相关动物产品产生的生物热或加入特定生物制剂，发酵或分解动物尸体及相关动物产品的方法。其工艺流程如下（图8-40）：

| 动物尸体及组织 | ➡ | 高温灭菌降解2h | ➡ | 生物降解8~12h | ➡ | 垃圾填埋 |

图8-40 高温生物降解无害化处理工艺流程图

高温生物降解无害化处理步骤如下（图8-41、图8-42、图8-43）：

步骤1：将处理物计重后放入生物降解无害化设备罐内，按照处理物总重量的20%~25%添加辅料，关盖。

步骤2：选择自动启动按钮，设备开始运行。

步骤3：当料温达到140℃，操作2~3h，降温到70℃左右加入降解菌，进行生物降解。

步骤4：12h后，打开卸料口，将处理好的产物卸出。

图8-41 生物降解无害化设备

图8-42 高温降解菌

图8-43 降解后的产物

第九章　牛场粪污生态处理及资源化利用技术

牛场粪污主要包括粪便、尿液和污水。随着肉牛产业规模的不断扩大、集约化程度的不断提高，牛场粪污成为农村面源污染的来源之一，成为制约肉牛产业发展的一个重要因素。因此，牛场必须完善粪污处理设施，坚持农牧结合、种养平衡，采取一定技术措施，对源头减量、过程控制和末端利用各个环节进行全程管理，着力提高粪污综合利用率，促进经济效益、社会效益和生态效益协调发展。

第一节　牛场粪污特性

一、粪便

（一）粪便产生量

牛场的粪便产生量与牛的品种、体重、生理状态、饲料组成和饲喂方式等因素有关。原国家环保总局推荐的牛排泄系数如表9-1：

表 9-1　　　　　　　　　每头牛粪便排泄系数　　　　　单位：kg

	粪	尿	BOD₅	CODcr	NH₃-N	TN	TP
日排泄系数	20	10	0.529	0.678	0.069	0.1674	0.0276
年排泄系数	7300	3650	193.1	247.5	25.2	61.1	10.1

牛场粪便产生量比较大，如存栏1000头的牛场，年排泄粪7300 t、尿3650 t，产生 BOD₅193.1 t、CODcr 247.5 t，如处理不到位，则会对环境造成污染，同时也会影响牛群自身的健康。

（二）牛粪的化学特性

牛粪的化学物质，包括矿物质、含氮化合物、粗纤维、无氮浸出物及毒物等（表9-2）。

表9-2 牛粪的化学组成 单位：%

物质成分	粗蛋白	粗纤维	粗脂肪	无氮浸出物	粗灰分
含量	11.96	20.72	2.19	46.96	15.56

注：引自《中国现代畜牧业生态学》，2008年，中国农业出版社。

1. 矿物质元素

包括钙、镁、钾、碘、硫、磷、铜、铁、钠、硒、锌、钼、铅、镉、锶和钒等（表9-3）。

表9-3 牛粪的矿物质成分 单位：mg/kg

物质成分	钙	磷	镁	钠	钾	铁	铜	锰	锌
含量	0.87	1.60	0.40	0.11	0.50	1340	31	147	242

注：引自《中国现代畜牧业生态学》，2008年，中国农业出版社。

2. 含氮化合物

包括尿素、尿酸、氨、胺、含氮脂质、核酸及其降解物、吲哚和甲基吲哚等。

3. 粗纤维

包括纤维素、半纤维素和木质素。

4. 无氮浸出物

包括多糖（淀粉和果胶）、二糖（蔗糖、麦芽糖、异麦芽糖和乳糖）和单糖。

5. 毒物

粪便中的病原微生物和病毒的代谢产物，饲料中添加的药物的残留物（如重金属、抗生素、激素、镇静剂以及其他违禁药品）。

（三）牛粪的生物学特性

1. 微生物

正常微生物包括大肠埃希菌、葡萄球菌、芽孢杆菌和酵母菌等；病原微生物包括青霉菌、黄曲霉菌、黑曲霉菌和病毒等。

2. 寄生虫

包括蛔虫、球虫、血吸虫、钩虫的虫卵、节片、幼虫等。

（四）牛粪的肥效

牛粪中含有丰富的氮、磷、钾、微量元素等植物生长发育所需要的营养元素（表9-4）。

表9-4		牛粪的肥分含量			单位：%
营养物质	水分	有机质	氮（N）	磷（P_2O_5）	氧化钾（K_2O）
含量	83.3	14.5	0.32	0.25	0.16

注：引自《中国现代畜牧业生态学》，2008年，中国农业出版社。

牛粪的有机质和养分含量在各种家畜中相对较低，质地细密，含水较多，分解慢，发热量低，属迟效性肥料。牛粪能够补充土壤养分，增加土壤有机质含量，提高土壤微生物活性，增强土壤透气性。每公顷农田施入牛粪7500～9000 kg，作物生长良好。如牛粪用于种草，年刈割3次，每公顷可施氮素360～450 kg，可多容纳氮肥2倍（图9-1、9-2）。

图9-1　牛场配套建设有机肥加工厂　　　图9-2　优质有机肥料

二、污水

（一）污水产生

牛场产生的污水，包括牛尿、冲洗水以及部分残余的饮水、牛粪和饲料残渣等。牛场污水产生量与牛场性质、饲料、饲养管理工艺、季节、气候等因素有关。例如，采用发酵床牛舍，污水产生极少，基本实现"零排放"；采用干清粪方式，即可减少冲洗圈舍的用水量，又可降低污水污染物浓度；采用水冲粪方式，污水产生量大，后续处理难度就大。

（二）污染物浓度

牛场产生的污水属于较高浓度的有机污水，化学需氧量（COD）高的可达10000 mg/L左右，5日生化需氧量（BOD_5）可达6000 mg/L左右。如果这种污水未经处理进入水体，会使水体缺氧，甚至达到厌氧状态，造成严重的环境污染。

三、牛场粪便污染物对环境的影响

(一) 水体污染

黄牛的粪尿中含有大量的氮、磷和药物添加剂的残留物，是生态环境破坏的主要污染源。牛的粪便排入或者通过淋洗、流失进入水体，会造成地表水污染和地下水污染。

黄牛粪便中的磷进入江河湖泊后，可导致水中的藻类和浮游生物大量繁殖，产生有害物质；还能使水中的固体悬浮物、COD、BOD 含量升高，造成水体富营养化，水生动物会因水体缺氧而窒息死亡，进而水体发生腐败变质。

黄牛粪便中的有毒、有害成分进入地下水中，会使地下水溶解氧含量减少，有毒成分增多，严重时会使水体发黑、变臭，失去使用价值。粪便一旦污染地下水，极难治理恢复，造成持久性污染。如硝酸盐转化成致癌物质污染饮用水源，将严重威胁人体健康。有资料表明，受到污染的地下水约需要 300 年才能自然恢复。

(二) 土壤污染

黄牛粪便养分对土壤的污染除其氮、磷养分外，还包括微量元素和粪便中残留的激素、抗生素、兽药等污染物。

我国黄牛粪便处理的主要方法是作为有机肥还田，所以耕地为黄牛粪便的主要承载场所。耕地消纳黄牛粪便的容量既取决于土壤的质地、肥力，又取决于农作物的吸收量。黄牛粪便是农作物生长的有机肥料，但是，如不加限制地还田，反而起不到肥效作用，还会造成作物减产，品质下降。粪便施入量如超过土地承载能力，粪便中的蛋白质、脂肪、糖类等有机质降解不完全或厌氧腐解，产生恶臭物质和有害物质，会改变土壤的组成和性状，导致土壤板结，孔隙堵塞，造成土壤透气、透水性下降，严重影响土壤质量。

黄牛在饲养过程中，为促进其生长和防病，常在饲料中添加的钙、磷、铜、铁、锌、锰等矿物质元素，这些元素是黄牛营养所必需的，但黄牛对这些元素的吸收利用率很低，只有 5%～15%，剩余的绝大部分通过粪便直接排出体外。长期过量施用矿物质元素含量偏高的粪肥，可导致土壤重金属累积，直接危及土壤功能。

(三) 大气污染

牛场粪便会产生恶臭，主要是因为未经消化的饲料养分经粪便排出，厌氧发酵后产生大量的氨气和硫化氢等臭味气体，这些有害气体若未及时清除或者清除后未及时处理，还会产生甲基硫醇、二甲二硫醚、甲硫醚、二甲胺及多种低级脂肪酸等恶臭气体，引起空气质量下降，影响人畜健康。

有研究表明，畜禽粪便产生大量的甲烷和二氧化碳，是主要的温室气体，引起温室效应。甲烷对全球气候变暖的增温贡献率达到15%。畜禽释放的甲烷量大约占大气中甲烷量的20%，尤其反刍动物甲烷释放量更大。

（四）微生物污染

黄牛粪便中含有大量的病原微生物、寄生虫卵及滋生的蚊蝇，会造成环境中的病原种类增多、菌量增大，病原菌和寄生虫大量繁殖，影响到人畜健康。黄牛粪便中的病原微生物主要包括魏氏梭菌、牛流产布鲁菌、铜绿假单胞菌、坏死杆菌、化脓棒杆菌、副结核分枝杆菌、金黄色葡萄球菌、无乳链球菌、牛疱疹病毒、牛放线菌、伊氏放线菌等。据世界卫生组织和联合国粮农组织的有关资料报道，世界上已有200种人畜共患传染病，其中较为严重的有89种，由牛传染的就有26种。畜禽粪尿排泄物是人畜共患传染病的传播载体，如牛是血吸虫的中间寄主，是造成人感染血吸虫病的重要原因。

第二节　牛场清粪与粪污贮存技术

一、清粪技术

（一）人工清粪

人工清粪，即人工利用铁锨、铲板、笤帚等将粪便收集成堆，人力装车运至堆粪场。人工清粪一般在黄牛放牧空栏时段或者进入舍外运动场时段进行，没有放牧或者没有运动场的在黄牛休息时进行，每天2～3次。人工清粪设备投资很少，操作简单，但工人工作强度大，是小规模牛场普遍采用的清粪方式（图9-3）。

图9-3　人工清粪

（二）机械清粪

机械清粪是利用清粪车、小型装载机或者自动清粪设备等进行清粪，清除的粪便利用运输设备运送至堆粪场进行无害化处理，以便进一步资源化利用。这种清粪方式要求牛舍有较大跨度，便于机械化作业。机械清粪设备投资较大，但工作效率大大提高，适用于较大规模牛场（图9-4、图9-5）。

图9-4　铲车清粪　　　　　　　图9-5　运粪车

（三）刮粪板清粪

刮粪板清粪是利用刮粪板设备清除牛舍内粪尿分离后形成的半干状态的粪便。连杆刮板式适用于单列牛舍，环形链刮板式适用于双列式牛舍，双翼形推粪板式适用于舍饲散养牛舍。这种清粪方式设备初期投资较大，但机械操作简单，噪声小，工作效率高，适用于牛舍长度较大的规模牛场（图9-6、图9-7）。

图9-6　刮粪板（一）　　　　　　图9-7　刮粪板（二）

（四）水冲清粪

　　水冲清粪是利用水冲洗牛舍、清除粪污的一种方式。水冲清粪的设备一般包括冲洗阀、水冲泵、污水排出系统、贮粪池、搅拌机、固液分离机等。水冲清粪方式设备投资少，操作简单，劳动效率高，但用水量大，产生污水多，给粪污的贮存和后续处理带来较大的难度，因此建议水冲粪工艺改造为干清粪工艺（图9-8、图9-9）。

　　　　图9-8　冲洗运动场　　　　　　　　图9-9　冲洗牛舍

二、粪污贮存技术

　　粪便贮存方式因粪便的含水量而异。固态和半固态粪便可直接运至堆粪场，液态和半液态粪便一般要先在贮粪池中沉淀，进行固液分离后，固态部分送至堆粪场，液态部分送至污水池或沼气池进行处理。贮存设施应远离各类功能地表水体，距离不小于2000 m。贮存设施应采取有效的防渗处理，防止污染地下水，建造顶盖防止雨水进入。

（一）堆粪场

　　堆粪场主要用于干清方式清粪和固液分离处理后的固体粪便的贮存。堆粪场一般建造在牛场的下风处，远离牛舍，多建在地上。堆粪场的规模根据牛场养殖数量、牛粪贮存时间来确定，而牛粪贮存时间应根据牛粪后续处理工艺来确定。

　　堆粪场宜采用地上带雨棚的"n"形槽式堆粪池；地面混泥土结构，向墙稍稍倾斜，坡度为1‰，坡底设排污沟，污水排入污水贮存设施，地面能够承受粪便运输车和所堆放粪便荷载要求，地面应进行防水处理；墙体高不宜超过1.5 m，采用砖混或混泥土结构，水泥抹面，厚度不少于240 mm；顶部设置彩钢或其他材料的遮雨棚，雨棚下沿与地面净高不低于3.5 m；周围设排水沟，防止雨水径流进入贮存设施内，排水沟不得与排污沟并流（图9-10）。

图 9 - 10　堆粪场　　　　　　　图 9 - 11　贮粪池

（二）贮粪池

贮粪池一般在地下，且用水泥预制板封顶，用来贮存固液混合的粪便和污水。水冲方式清粪的牛场一般建造贮粪池，牛舍冲洗产生的粪尿污水混合物通过地下管道送至贮粪池。部分建有沼气工程的牛场也建有贮粪池（图 9 - 11）。

（三）污水池

污水池用来贮存从牛舍排尿沟排出的污水，堆粪场排水沟的污水也通过管道送至污水池。污水池一般设在舍外地势较低的地方，且在运动场相反的一侧。污水池的容积根据养殖数量、饲养周期、清粪方式及污水存贮时间来确定，而污水存贮时间应根据污水后续处理工艺的要求确定。污水池可分为地下式和地上式两种，地下式适宜土质条件好、地下水位低的场地，地上式适宜地下水位较高的场地。

污水池内壁和地面应做防渗处理；底面高于地下水位 0.6 m 以上，高度和深度不超过 6 m；地下污水贮存设施周围应设导流渠，防止径流、雨水进入；进水管道直径最小为 300 mm；进出水口设计应避免在设施内产生短流、沟流、返流和死区；地上污水贮存设施应设自动溢流管道，周围设置明显标志和围栏等防护设施（图 9 - 12、图 9 - 13）。

图 9 - 12　地下式污水池　　　　图 9 - 13　地上式污水池

第三节　牛粪堆肥利用技术

牛粪中含有丰富的植物所需的营养成分，经过堆肥处理后，可变废为宝，制成优质的有机肥料，这也是当前处理牛粪的主要方式。有机肥可以调节土壤肥分，大量有机质在微生物的作用下，进行矿化作用，释放养分供植株吸收。还能通过腐殖化作用产生腐殖质，使土壤疏松肥沃，透气排水，改善土壤水肥气热条件。经过一定技术处理、加工而成的有机肥是代替化肥，生产无公害、绿色、有机农产品的优质肥料。

一、堆肥技术

(一) 堆肥原理

将牛粪、高效发酵微生物和调理剂（如秸秆、杂草、锯末等）按一定比例混合，控制适当的水分、温度、pH 值、碳氮比和氧气等条件进行好氧发酵处理，使堆肥中有益微生物大量繁殖，利用微生物的新陈代谢将植物难以吸收和利用的纤维素、木质素等大分子物质分解转化为易被植物吸收利用的小分子有机物。在这个过程中微生物通过新陈代谢产生的大量热量可使堆肥温度达到 60 ℃左右，并能维持 5～7 d，从而能有效杀死牛粪中的病原菌、虫卵、蛆蛹和杂草种子，并使有机物达到稳定化，可制成无害化的有机肥料。

(二) 堆肥发酵的条件

1. 碳氮比（C/N）

堆肥适宜的碳氮比为（25～35）：1，牛粪碳氮比为（15.2～21.5）：1，因此在堆肥前应加入一定量的秸秆、锯末等调理剂。稻草碳氮比为 50：1，麦秸为 60：1，锯末为 500：1。

2. 含水率

一般含水率控制在 45%～65%为宜，低于 30%时，微生物分解过程受到抑制；高于 70%时，通气性下降，好氧微生物活动受到抑制，厌氧微生物活动加强，产生臭气。

3. 温度

堆肥适宜温度为 55 ℃～65 ℃，最高温度可达 75 ℃，可经调整通风量来控制温度（图 9-14）。

图 9-14　注意调控发酵温度

图 9-15　机械化条剁堆肥翻堆

4. 通风供氧

堆肥中通过机械设备翻动来实现通风供氧，也可通过鼓风机实行强制通风（图 9-15）。

5. pH 值

堆肥中的 pH 值随时间和温度的变化而变化，可作为有机质分解程度的标志。

6. 接种剂

在物料中加入接种剂可加快发酵的速度，缩短发酵时间。

（三）堆肥方式

1. 平地堆肥

选一块平地，将与秸秆、锯末等调理剂混合均匀的牛粪堆成长、宽、高分别为 10～15 m、2～4 m、1.5～2 m 的条垛，经人工或机械翻堆，保证供氧、散热和发酵均匀。在气温 20 ℃左右，牛粪经过 30 d 左右即可完全腐熟。可根据气温适当调整堆肥时间（图 9-16、图 9-17）。

图 9-16　平地堆肥

图 9-17　发酵完成的牛粪

2. 大棚发酵

在发酵棚建设条形发酵槽，槽壁上面设置轨道，自走式搅拌机可沿轨道行走，进行搅拌。发酵槽的宽度根据搅拌机的宽度来确定，一般为

4～6 m，高度一般为 0.6～1.5 m，长度一般为 50 m 左右。发酵棚宜采用玻璃钢做顶棚，可以利用太阳能，提高发酵棚内的温度，保证低温季节的发酵。一般每头牛需要 2 m² 的发酵槽面，牛粪在 25 d 左右即可完全腐熟。物料发酵完成后即可出槽，但需存留 30% 左右，以保留菌种，并调节水分（图 9-18、图 9-19）。

图 9-18　发酵棚　　　　　　　　图 9-19　搅拌

3. 发酵塔发酵

发酵塔一般设垂直分布的 6 层发酵槽，最上层设布料机，通过翻板翻动使物料逐层下移，每天向下移动一层，在移动过程中进行发酵，6d 后粪便达到底层，即可完成腐熟。在冬季气温低的地区，可配置热风炉或在发酵塔外加保温隔热层，缩短发酵时间。这种发酵方式不受天气的影响，可全天候运行；占地面积小；发酵速度快；自动化程度高，运行费用低。

二、有机肥加工技术

牛粪堆肥后的产物可以根据需要进一步加工成粉状有机肥和颗粒状有机肥产品，或者掺入化肥制成复混肥产品，实现商品化生产（图 9-20、图 9-21）。

图 9-20　有机粉肥　　　　　　　图 9-21　有机粒肥

牛粪制作有机肥工艺流程如下（图9-22）：

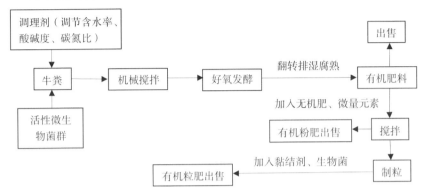

图9-22　牛粪制作有机肥工艺流程图

第四节　牛粪沼气工程技术

牛粪沼气工程，是指牛场产生的粪便和污水，通过厌氧发酵生产沼气，进行能源利用的一项系统工程。1 kg干牛粪可产沼气0.3m³，1 kg鲜牛粪可产沼气0.051 m³（一般鲜牛粪的含水量为83%）。沼气的主要成分是甲烷，每立方米沼气的发热量为20800~23600 J，相当于0.714 kg标煤提供的热量。沼气工程技术既能有效处理牛场粪污，又能生产清洁能源，对黄牛生态养殖具有重大意义。

一、沼气工程的分类

（一）按照产气规模分类

按照日产沼气量大小可分为：特大型沼气工程，每天产气5000 m³以上；大型沼气工程，每天产气500~5000 m³；中型沼气工程，每天产气150~500 m³；小型沼气工程，每天产气5~150 m³（图9-23、图9-24）。

图9-23　沼气工程（一）

图9-24　沼气工程（二）

（二）按照发酵温度分类

按发酵温度可分为常温（变温）发酵型、中温（35 ℃）发酵型和高温（54 ℃）发酵型。

（三）按照环境条件分类

按照环境条件，大中型沼气工程可分为能源生态模式和能源环保模式。能源生态模式是指沼气工程周边的农田、鱼塘、植物塘等能够完全消纳经沼气发酵后的沼渣和沼液，使沼气工程成为生态农业园区的纽带；能源环保模式是指沼气工程周边环境不能完全消纳经发酵后的沼渣和沼液，必须将沼渣进一步加工成商品肥料，将沼液进一步处理后达标排放。

二、沼气工程的原理

沼气工程的核心技术是厌氧发酵，由成酸细菌如纤维分解细菌、脂肪分解细菌、蛋白分解细菌等将大分子物质分解成简单化合物，如乙酸、丁酸、乙醇、氨和二氧化碳等，再由甲烷菌等细菌将简单化合物氧化还原为甲烷，这些细菌将碳源分解成甲烷，将二氧化碳还原成甲烷。沼气即可作为燃气，也可用来发电，其主要成分为甲烷，占60%～70%；其次为二氧化碳，占25%～40%；还有少量的氧、氢、一氧化碳和硫化氢。

三、厌氧发酵的条件

（一）碳氮比

厌氧发酵时应注意碳、氮元素的配比，一般碳氮比（C/N）在（20～30）：1时最适宜，高于或低于这个数值，都会影响发酵。相对于其他畜禽粪便，牛粪很适宜厌氧发酵，其碳氮比（C/N）接近25：1，发酵周期短，分解和产气速度快。

（二）原料浓度

原料浓度在一定程度上反映沼气微生物营养物质含量，浓度越高营养越丰富，沼气微生物的活动越旺盛，产气量也就越高。一般常温发酵池发酵原料的浓度以6%～10%为好。不同的工艺结构对原料的浓度要求不同，所以原料的浓度应根据工艺结构进行调节。

（三）厌氧环境

沼气发酵一定要在密封的容器中进行，必须保持沼气池严格的厌氧环境。

（四）酸碱度

一般发酵液正常的 pH 值为 6.0～8.0，当 pH 值在 6.5～7.5 时，产气量最高。酸化期的 pH 值为 5.0～6.5，甲烷化期的 pH 值为 7.0～8.5。正常情况下，沼气发酵的 pH 值可自然平衡，不需要调节。但当配料不当或其他原因造成沼气池内挥发酸大量累积，导致 pH 值下降，此时可停止进料并让其自然调节，还可用 5% 的氨水或者 2% 的石灰水进行调节。

（五）温度

常温发酵在 20 ℃以下，中温发酵在 20 ℃～45 ℃，高温发酵在 45 ℃～60 ℃。

四、工艺流程

（一）原料收集

在牛场或工厂设计时应根据当地条件合理安排牛粪和污水的收集方式和集中地点，以便就近发酵处理。收集到的牛粪和污水一般要进入调节池储存，因为原料收集时间一般比较集中，而消化器的进料常需要均匀分配。调节池的大小一般要以储存 24 h 的物料量为宜。

（二）原料预处理

预处理主要是清除原料中的杂物，便于用泵输送。有的原料在进入消化器前要进行升温或降温处理，以减少悬浮固体含量。鲜牛粪中常混有杂草，沉淀物较少。常用搅龙除草机去除牛粪中的长草，再用收割泵进一步切短残留的较长纤维和杂草，可有效防止管道堵塞。

（三）厌氧消化器

1. 常规消化器

常规消化器包括常规消化器、连续搅拌反应器和塞流式消化器，适宜处理料液浓度高、悬浮物固体含量高的有机废水。目前牛场应用较多的是连续搅拌反应器，优点是处理量大，浓度高，产气多，易管理，运行费用低；缺点是反应器容积大，投资多，后处理繁琐。

2. 污泥滞留型消化器

污泥滞留型消化器包括厌氧接触工艺、升流式固体反应器、升流式厌氧污泥床反应器和折流式反应器等，适宜处理料液浓度低、悬浮物固体含量少的有机废水。在牛场应用较多的是升流式厌氧污泥床反应器，优点是消化器容积小，投资少，处理效果好；缺点是产气较少，启动慢，管理复杂，运行费用稍高。

3. 附着膜型反应器

附着膜型反应器包括厌氧滤器、流化床和膨胀床等，适宜处理料液浓度低、悬浮物固体含量少的有机废水。

(四) 出料的后处理

1. 沼气（厌氧）还田模式

将沼液和沼渣直接用作肥料施入农田、菜地、果园、草地等，实现种养结合。有条件的，将沼渣制成复合肥。这种模式需要有大量农田来消纳沼渣和沼液，要有足够容积的储存池来贮存暂时没有施用的沼液，适用于气温较高、土地宽广、有足够的农田消纳牛场粪污的农村地区，特别是种植常年施肥作物，如蔬菜、经济类作物的地区（图9-25）。

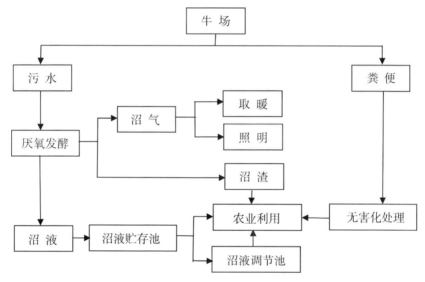

图9-25　沼气厌氧还田模式工艺流程

2. 沼气（厌氧）自然处理模式

采用氧化塘、土地处理系统或人工湿地等自然处理系统对厌氧处理出水进行处理。氧化塘是利用藻菌共生体系的好氧分解氧化、厌氧消化和光合作用进行处理；土地处理系统是利用生物、化学、物理固定与降解作用进行处理；人工湿地是利用植物、微生物作用进行处理。这种模式适用于有滩涂、荒地或低洼地可作粪污自然生态处理的地区（图9-26）。

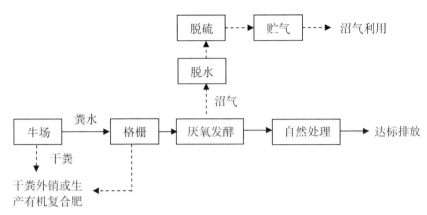

图 9 - 26　沼气（厌氧）自然处理模式工艺流程

3. 沼气（厌氧）达标排放模式

通过工业化处理污水，处理系统由预处理、厌氧处理（沼气发酵）、好氧处理、后处理、污泥处理及沼气净化、贮存与利用等部分组成。厌氧出水再经好氧及自然处理系统处理，达到排放标准，既可以达标排放，也可以作为灌溉用水或场区回用。这种模式需要较为复杂的机械设备和较高的构筑物，适宜于大型规模牛场（图 9 - 27）。

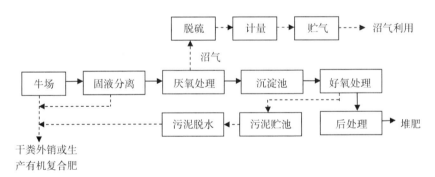

图 9 - 27　沼气（厌氧）达标排放模式工艺流程

（五）沼气净化和输送

厌氧发酵过程中会用一定量的水分和硫化氢进入沼气。水的冷凝会造成管道堵塞，硫化氢是一种腐蚀性很强的气体，可损坏管道和仪表，硫化氢本身及燃烧时生成的二氧化硫、亚硫酸、硫酸对人体有毒害作用，因此需要脱除沼气中的水和硫化氢。

沼气中水分宜采用重力法脱除，对日产气量大于 10000 m³ 的沼气工程，可采用冷分离法、固体吸附法、溶剂吸收法等脱水工艺处理。硫化氢的脱除通常采用脱硫塔、内装脱硫剂来脱硫，脱硫剂多采用氧化铁。经过净化后的沼气质量指标，沼气低位发热值应大于 18 MJ/m³，沼气中硫化氢含量应小于 20 mg/m³，沼气温度低于 35 ℃。

沼气的输送通常采用金属管、高压聚乙烯塑料管、PE 管、PPR 管等，气体输送所需的压力通常依靠沼气产生池或储气柜所提供的压力即可满足，远距离输送可采用增压设施。

五、沼气工程建设

（一）选址

沼气工程应位于牛场下风口的粪污处理区、牛场标高较低处，有较好的工程地质条件，并具备交通运输以及供水、供电条件。

（二）工程设备设施

1. 主体工程

（1）原料预处理单元。包括料液的收集与输送管道、格栅、沉沙池、调节池、集料池、固液分离设施、热交换器、水泵以及附属用房等。

（2）沼气生产单元。主要设施为厌氧反应器，目前牛场应用得比较多的有完全混合式厌氧反应器、升流式固体反应器、升流式厌氧污泥床反应器和折流式反应器等。

（3）沼气净化及贮存单元。沼气净化设施包括脱水装置、脱硫装置、提纯装置、过滤器等，沼气贮存设施有低压式湿式贮气、压式干式贮气、高压贮气等设施。

（4）沼气利用单元。有发电机组、集中供气管道、锅炉等。该单元应设置应急燃烧器，避免沼气直接排入大气。

（5）沼渣及沼液综合利用单元。沼渣作为有机肥料进行还田利用，沼液采取生物氧化塘、人工湿地等自然处理或者污水处理系统处理。

2. 配套工程

包括供配电、照明、工艺控制、给排水、防雷、消防、保安监视、通信等设施，以及道路、大门、围墙、运输车辆等。

3. 生产管理与生活服务设施

包括办公室、值班室、门卫、食堂、宿舍、卫生间等，寒冷地区应配套采暖设施，炎热地区应配套降温设施。

（三）建筑材料

采用混凝土结构，建筑材料包括水泥、中砂、碎石、砖和钢筋等。

（四）施工

施工人员必须是经过能源部门培训、考核合格、持有上岗证的技术工人，沼气工程设备设施建设必须严格按照《沼气工程技术规范》执行。

第五节　牛粪生物利用技术

一、培养蚯蚓

将传统的堆肥法与生物处理法相结合，通过蚯蚓的消化系统，在蛋白酶、脂肪酶、淀粉酶和纤维酶的作用下，将发酵后的牛粪分解并转化成为其自身或其他生物易于利用的营养物质，不仅能处理大量的牛粪，还可生产出蚓粪和蚯蚓。蚓粪是优良的有机肥料，蚯蚓因富含蛋白质、氨基酸、脂肪等营养物质而可加工作为动物饲料，还可利用其药用价值生产降血压、降血脂等药品。养殖 1 亩蚯蚓年可处理牛粪 150～300 t，生产蚓粪肥 150 t，鲜蚯蚓 1.5～3 t。

蚯蚓床宽 1.5～2 m，长度不限，床间设 1 m 宽的通道，床底高出地面 20 cm，上置 10 cm 左右的牛粪作为饵料，每平方米投放种蚓 1～2 kg，上覆稻草以保湿通气、防暑防冻、防天敌。夏季每天浇水 1 次，春秋季节 3～5 d 浇水 1 次，保持粪料适宜的含水量。暖和天气，蚯蚓生长 38 d 产卵，每 35 d 左右即可采集一次成蚓，此时蚯蚓个体重达到 0.3 g 以上，每平方米蚯蚓床密度达到 2 万～3 万条。采集后，添加 1 cm 厚鲜牛粪，盖好稻草（图 9-28、图 9-29）。

图 9-28　蚯蚓床

图 9-29　蚯蚓床浇水

二、栽培食用菌

牛粪含有丰富的有机质和氮、磷、钾等元素，加入一定的辅料堆制发酵后，可栽培食用菌，如蘑菇、草菇、姬松茸、鸡腿菇等。在牛粪中加入含碳量较高的秸秆、锯末等调节碳氮比，再添加适当的无机肥料、石膏等，堆制后可作培养基栽培食用菌。利用牛粪和秸秆栽培食用菌不仅使牛粪、秸秆等废弃物无害化和资源化，还生产出具有较高营养价值和经济价值的食用菌。栽培后的培养料还可还田或作饲料，从而使资源得到了多层次循环利用。

操作上，首先是将晒干的秸秆切碎，将晒干的牛粪打碎，并按照体积1∶1的比例混合均匀；其次是按照物料总重量加入0.3%的碳酸氢铵、2%的磷酸二氢钾、2%的碳酸钙和2%的生石灰，混合均匀；第三步是加水，使水分含量达到70%；第四步是将物料垒成宽1.2 m、高1 m的料堆，长度不限，待料堆充分发酵且温度达到28 ℃即可播种。

三、培养蝇蛆

牛粪中含有一定的营养物质，可以用来培养蝇蛆，蝇蛆可作为家禽和水产动物优质的动物蛋白饲料。在当今许多国家禁止使用或者限制使用动物性肉骨粉饲料的背景下，牛粪培养蝇蛆成为蛋白质饲料资源开发的重要途径。

操作上，将牛粪晒干并粉碎，加入适量麸皮或谷糠，堆放在阴凉处，盖上秸秆或杂草，最后用泥巴密封，一周左右即可产生蝇蛆。蝇蛆蛋白含量高，鲜蝇蛆粗蛋白含量为15%左右，加工成粉后，粗蛋白含量高达56%～63%，是豆粕的1.3倍。此外，蝇蛆还含有很多糖类、矿物质、维生素。蝇蛆不仅可用作猪、鸡、鸭、鱼的饲料，还可用作黄鳝、牛蛙、龟、鳗、虾蟹等特种经济动物的活饵料。

第六节　生物发酵床养牛技术

生物发酵床养猪技术在我国已经很成熟，并得到了广泛应用，但生物发酵床在养牛上应用较少，一些地方作了有益尝试，在发酵床养猪技术上作了改进，取得了很好的效果，现生物发酵床养牛技术已逐步推广。生物发酵床养牛是将有益微生物菌种按照一定比例掺拌锯末、谷壳、秸秆等制成有机垫料，经过人工辅助翻耙，使垫料与牛粪尿充分混合，再通过微生物的分解发酵，使牛粪尿中的有机物质得到充分的分解和转化，实现粪尿完全降解的无污染、零排放目标。

一、非接触型生物发酵床

非接触型生物发酵床是指牛只没有生活在垫料上，牛排泄的粪尿，通过人工收集到发酵床，再通过翻耙，使粪尿与垫料混合，实现原位降解。这种发酵床的原理与猪的异位发酵床一脉相承。非接触型生物发酵床可根据牛场条件选择不同的形式，下面介绍一种舍内发酵床。

（一）发酵床体建设

这种发酵床用于拴系式牛舍，在牛床靠近料槽的部分采用混泥土地面，牛床长度 1.8～2.2 m，牛床后面设置发酵床，宽度 1.5 m，深度 50～100 cm。发酵床四壁用水泥抹面，床底尽可能保留土地面，可避免发酵床底部积水。还应避免舍外的雨水渗入发酵床内（图 9-30）。

图 9-30　非接触型生物发酵床

（二）垫料原料的选择

发酵床的垫料应选择透气性好、吸附能力强、结构稳定，具有一定保水性和部分碳源供应的有机材料为原料，常用的有锯末、谷壳、蘑菇渣、花生壳、棉籽壳、农作物秸秆等。

（三）发酵菌剂的选择

发酵菌剂宜选择专业化公司生产的商品菌剂，一般包含光合菌、乳酸菌、酵母菌、芽孢杆菌、醋酸菌、双歧杆菌、放线菌等好氧有益微生物，经过人工培养，可以和垫料及牛粪尿中的有益微生物协同作用，实现高效降解。发酵菌剂使用时要先用麸皮、玉米粉或米糠混合稀释，在为菌剂快速复活提供营养物质的同时，还能确保菌剂与垫料混合均匀。

（四）发酵床铺设

1. 湿式发酵床铺设

在舍外调制加工垫料，发酵成熟后再铺设在发酵床中。垫料配方一般为锯末 50%～60%、谷壳 30%～40%、新鲜牛粪 10%～20%、玉米粉、麸皮或米糠等 2%～3%。先将用麸皮、玉米粉或米糠稀释好的发酵菌剂与各种垫料进行混合搅拌，在搅拌过程中不断向垫料喷雾洒水，使垫料湿度保持在 40%～60%。适宜湿度现场判断方法是，手抓垫料可成团，松手即散，指缝无水渗出。再将搅拌均匀的垫料堆垛发酵，一般夏季 5～7 d，冬季 10～15 d，待垫料有发酵香味和蒸汽冒出，即表明发酵成熟。最后将发酵成熟的垫料铺设在舍内发酵床即可。

2. 干撒式发酵床铺设

在发酵床内进行分层铺设，在每层垫料上面均匀播撒一层稀释后的菌剂，一般分为 4～5 层。可在发酵床表面适当洒水，以防垫料太干。再将牛粪尿埋入发酵床 10～30 cm 深处，如此反复数次，即可启动发酵。

（五）发酵床的后期维护与管理

1. 垫料通透性管理

该发酵床影响通透性的主要因素是牛尿总流入发酵床靠近牛床的一侧，使该部分垫料水分含量高而结板，造成通透性不良。因此，每天要翻动一次，不光是上下翻，还要左右翻。

2. 粪便管理

将清扫出来的牛粪均匀铺撒在发酵床表面，每天翻动一次，将牛粪与垫料混合均匀，并填埋到发酵层。

3. 垫料水分管理

垫料水分受到物料的理化特性以及温度、湿度等环境因素的影响，因此，垫料适宜的水分含量应根据地域、气候、垫料以及发酵菌剂的特点来适当调整。发酵床不同区域的垫料在发酵过程中所起的作用不同，其水分含量也不同。在发酵床表面以下 30 cm 左右为核心发酵层，水分宜控制在 50%～60%。发酵床表面以下 10 cm，宜控制在 30%～40%，以不起灰尘为宜，如果水分过高，会影响垫料的通透性（表 9-5）。

表 9 - 5		垫料水分现场判断方法		
水分含量	20%～30%	40%～50%	60%	60%以上
感官判断	垫料干燥，稍有潮湿感	有明显潮湿感	手握略有黏结状，但松手时马上散开	用力握垫料，指缝有水渗出

4. 垫料的补充

发酵床在消化分解粪尿的同时，垫料也会逐步损耗，因此应及时补充垫料。补充的新料要与原有垫料混合均匀，并调节好水分。在湿式发酵床中补料应提前发酵，成熟后加入；在干撒式发酵床中补料应按比例添加发酵菌剂。

二、接触型生物发酵床

接触型生物发酵床是指牛只生活在垫料上，与垫料直接接触，牛排泄的粪尿，通过人工翻耙、牛只踩踏，使粪尿与垫料混合，通过微生物实现原位降解。

（一）垫料的选择与铺设

这里介绍两种方法，一种是与非接触型生物发酵床一样，选择锯末、谷壳、蘑菇渣、花生壳、棉籽壳、农作物秸秆等作为垫料，不同的是垫料铺满整个牛床。另一种是采用分层铺设的方法。因牛体重大，极易压实垫料，使垫料板结，微生物难以发酵。可选择长短不一的垫料，分三层进行铺设，每层 20～30 cm。最底层铺放稻草，中间层铺放整株玉米秸秆，最上层铺放细碎的玉米秸秆，并添加一些锯末或谷壳。中间层起到支撑的作用，可防止因牛的踩踏而导致的垫料塌陷、板结，并使发酵床松软，牛只生活舒适。上层细碎垫料便于混合发酵。

（二）养殖密度控制

养殖密度过大，单位面积分布的粪便过多，微生物分解粪便的负担过重。养殖密度过小，单位面积分布的粪便过少，微生物所需养分不足。因此，应控制好养殖密度（表 9 - 6）。

表 9 - 6	牛生物发酵床适宜养殖密度		
体重/kg	100～200	300～400	500 以上
每头养殖空间/m²	2～3	4～5	6～7

（三）发酵床管理

牛不像猪一样有拱翻的习性，粪便与垫料的混合需要通过人工翻耙。一般来说，生物发酵床每天翻耙 1 次，将牛粪与垫料混合均匀，并填埋到发酵层。发酵床温度较高，水分蒸发量大，从而影响发酵效果。因此，水分过低时，特别是在高温季节，要注重加湿喷雾补水。另外，因在生产上常使用的一些化学药品对发酵床有益菌群具有杀伤作用，从而降低微生物活性，所以，在发酵垫料上不得使用化学药品（图 9-31、图 9-32）。

图 9-31　发酵床垫料铺设　　　　图 9-32　接触型生物发酵床

第七节　牛场污水生态处理技术

牛场污水含有大量粪渣，有机物、氮、磷等含量高，而且含有很多病原微生物，对环境的危害较大，因此必须进行生态处理，最终实现资源化利用和达标排放。

一、固液分离

牛场污水中含有较高浓度的有机物和固体悬浮物，尤其是采用水冲清粪方式的牛场，污水中固体悬浮物的浓度更高。牛场的污水必须进行固液分离，以降低污染物负荷，从而降低污水后续处理难度，节省环保处理的建设投资和土地使用面积，节省污水厌氧处理时间，防止污水处理设备因堵塞而损坏等。每天排放 100 t 污水的牛场，如不用固液分离机提前处理，需建设厌氧池 1000～1200 m³，如用固液分离机提前处理，可减少 300～400 m³ 厌氧池的建设投入。固液分离可去除 70% 以上的生化需氧量和固体悬浮物，产生的粪渣可用于制作有机肥。

固液分离是污水处理的第一个环节，生产上常采用筛滤、过滤和沉淀等技术进行处理，其设备有固液分离机、格栅、沉淀池等。固液分离机有振动筛、回转筛和挤压式分离机，通过筛滤作用实现固液分离。格栅一般由平行的钢条组成，通过筛滤作用截留污水中的漂浮和悬浮固体，以免阻塞孔洞、闸门和管道。沉淀池是在固液分离机处理之前，经重力沉降和过滤作用进行固液分离，常建多级沉淀池，并安装隔渣设施，最大限度地去除固体物（图9-33）。

图 9-33　固液分离机

二、厌氧处理

厌氧发酵的原理是微生物在缺氧的情况下，将复杂的有机物分解成简单的有机物，最终产生甲烷和二氧化碳等。牛场产生的污水经过厌氧消化处理可在实现无害化的同时，还可获得沼气和有机肥料。沼气可用作生活燃料或发电，沼液和沼渣可用于农业生产（图9-34）。

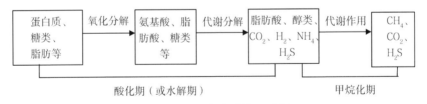

图 9-34　厌氧发酵处理过程

（注：图9-34引自廖新俤等《规模化猪场用水与废水处理技术》）

三、好氧处理

在牛场污水处理中，由于污水有机物浓度较高，厌氧处理后污水中化学需氧量的浓度和氨氮浓度仍比较高，需要做进一步的好氧处理。好氧处理主要是利用好氧菌和厌氧菌的生化作用来处理污水，有效降低污水 COD，除氮、磷。好氧处理可分为天然和人工两类，天然条件下的好氧处理主要是利用自然生态系统的自净能力对污水进行净化，如天然水体的自净、氧化塘和土地处理等；人工条件下的好氧处理是采用向装有好氧微生物容器的容器或构筑物不断供氧的条件下，利用好氧微生物来净化污水，这种方法主要有活性污泥法、氧化沟法、生物转盘、序批操作反应器和生物膜法等。

养殖场多采用活性污泥法、序批操作反应器等，活性污泥法基本原理是以存在于污水中的有机物作为培养基，在有氧条件下，各种微生物群体进行混合、连续培养，通过吸附、氧化分解、凝集、沉淀等过程去除有机物的一种方法，依靠曝气池中悬浮流动着的活性污泥来分解有机物。SBR 技术采用时间分割替代空间分割、非稳定生化反应替代稳态生化反应、静置理想沉淀替代传统动态沉淀的操作方式，它的主要特征是在运行上的有序和间歇操作，其核心是 SBR 反应池，集均化、初沉、生物降解、二沉等功能，无污泥回流系统（图 9-35）。

图 9-35　牛场污水处理厂

四、自然生物处理

自然生物处理是指利用水体和土壤中的生物来净化污水，包括水体生物处理和土壤生物处理两种方法。其优点是建造费用低、运行管理方便、处理效果好，还能实现粪污资源化利用；缺点是占地面积大，净化效率相对较低。

（一）人工湿地处理

人工湿地是模仿自然生态系统中的湿地，利用生物学、化学、物理学的原理，经人工设计、建造的，在处理床上种植水生植物或湿生植物的用于处理污水的一种工艺。

集约化牛场污水排放量大，经过固液分离、厌氧处理、好氧处理后，出水中的化学需氧量和悬浮物含量仍然较高，需要进行二级处理方可达到排放标准。人工湿地能有效解决这一问题，通过处理床、湿地植物和微生物及其三者的互作，可以去除水中的大部分悬浮物和部分有机物，对去除污水中的氮、磷、重金属、病原体也有良好效果。

通常建设若干个串联的潜流式人工湿地，可用直径 3～5 cm 的碎石作为基质，铺设 60 cm 厚作为处理床，在碎石床上种植耐有机物污水的高等植物，如风车草、香根草、芦苇、蒲草等。植物能够吸收碎石床上的营养物质，使污水得到净化，并给生物滤床增氧，根际微生物还能降解矿化有机物。另外，碎石床通过过滤作用，使富含悬浮物的污水明显变清。当污水流经碎石床后，在一定时间会长出生物膜，在近根有氧情况下，生物膜上的大量微生物将有机物分解成二氧化碳和水，再通过氨化、硝化作用将含氮有机物转化为含氮无机物。在缺氧区，通过反硝化作用脱氮。人工湿地的处理床还可利用卵石、沸石或者沸石加上煤渣等，不同的处理床、不同的植物对污水中悬浮物、有机质、氮和磷的去除效果也有不同。

中国科学院亚热带农业生态研究所围绕低成本生态治理——氮磷循环利用的模式，经过对氮磷高效去除和高效吸收生物质和植物的筛选，确定"稻草-绿狐尾藻"作为治理养殖污水的生态组合系统，在农业面源污染控制和污水生态处理方面有很好的应用前景。"稻草-绿狐尾藻"生态组合系统包括生物基质消纳系统和湿地消纳系统（图 9 - 36、图 9 - 37）。

图 9 - 36　"稻草-绿狐尾藻"生态组合系统　　图 9 - 37　绿狐尾藻

生物基质消纳系统又称为基质池，由多个池子串联，深度为 70～150 cm，根据养殖数量确定面积大小。基质池墙体和底部要求具有防渗功能，其中墙体材质为砖混结构。利用稻草作为生物基质池的填料，去除污水中有害、有毒物质（如黏稠物、粗脂肪、固体悬浮物、重金属、抗生素等），为下一级生态湿地的主体植物绿狐尾藻提供适宜生境条件。生物基质池对输入污水 COD 去除率为 40%～60%，全氮去除率50%～70%，全磷去除率40%～80%。

湿地消纳系统处理经过生物基质消纳系统处理后的养殖废水，由三级池子串联组成，池内种植绿狐尾藻，上下级之间保持 10～20 cm 的落差，保证自流。一级湿地控制水深 30～50 cm，二级湿地为 50～100 cm，三级湿地为 100～150 cm。绿狐尾藻可增加污水氧气含量，去除污水氮磷，同时作养殖饲料，实现污水养分的循环利用。绿狐尾藻湿地对输入污水中 COD、氮和磷的消减率在 90% 以上，出水的 COD 为 10～220 mg/L，总氮为 2～55 mg/L，总磷为 0.5～6 mg/L。去除氮中，绿狐尾藻经自身生长吸收的氮素占 15%～30%，微生物脱氮占 40%～60%，还有一部分氮通过氨挥发去除或被微生物吸附固定。

（二）氧化塘处理

氧化塘是指天然的或经过人工修整的有机污水处理池塘。污水进入塘内，因塘水的稀释作用而降低污染物浓度，污水中部分悬浮物因重力作用而沉淀至塘底，成为污泥，进一步降低污染物浓度。污水中的有机质在塘内菌类、藻类、水生植物、水生动物的作用下逐渐分解，并被吸收和利用。浮水植物净化塘是目前应用最广泛的水生植物净化系统，常作为养殖场污水厌氧消化排出液的接纳塘和"厌氧＋好氧"处理出水的接纳塘。氧化塘最常用的浮水植物是水葫芦，其次为水浮莲和水花生。在我国南方地区，鱼塘是养殖场较常用的氧化塘处理系统，不仅简单、实用，而且通过养鱼还能获得一定经济效益（图 9 - 38）。

图 9 - 38　氧化塘

（三）土地和农田处理

土地和农田处理是利用前期处理后的养殖污水，对土地和农田进行灌溉、施肥，使农作物得到生长，实现污水无害化处理和资源化利用的目的。在进行处理时，应加强对水量和水质的管理，污水量不能超过农作物的需要量和田间持水量，否则污水会流失而污染地下水。污水水质必须达到《农田灌溉水质标准》的要求，以免污水危害农作物、危害土壤、传染疾病、污染地下水等。另外，还应考虑污水的终年利用问题，合理安排非灌溉季节污水的处理。

参考文献

［1］ 王清义，汪植三，王占彬. 中国现代畜牧业生态学［M］. 北京：中国农业出版社，2008.

［2］ 姚亚铃. 肉牛标准化健康养殖彩色图册［M］. 长沙：湖南科学技术出版社，2015.

［3］ 万里强，李向林. 南方草地放牧系统［M］. 北京：中国农业科学技术出版社，2012.

［4］ 曹玉凤，李秋凤. 规模化生态肉牛养殖技术［M］. 北京：中国农业大学出版社，2013.

［5］ 李向林，万里强. 南方草地研究［M］. 北京：科学出版社，2010.

［6］ 林祥金. 崛起中的南方肉牛业［M］. 北京：光明日报出版社，2005.

［7］ 刘继军，贾永全. 畜牧场规划设计［M］. 中国农业出版社，2008.

［8］ 国家畜禽遗传资源委员会. 中国畜禽遗传资源志：牛志［M］. 北京：中国农业出版社，2011.

［9］ 陈幼春，吴克谦. 实用养牛大全［M］. 北京：中国农业出版社，2006.

［10］ 王加启. 肉牛的饲料与饲养［M］. 北京：科学技术文献出版社，2000.

［11］ 张志新，王志富. 架子牛育肥技术［M］. 北京：科学技术文献出版社，2010.

［12］ 陈幼春. 现代肉牛生产学［M］. 北京：中国农业出版社，1999.

［13］ 郭志勤. 家畜胚胎工程［M］. 北京：中国科学技术出版社，1998.

［14］ 莫放，李强，赵德兵. 肉牛育肥生产技术与管理［M］. 北京：中国农业大学出版社，2012.

［15］ ［美］Thomas G. Field，Robert E. Taylor. 肉牛生产与经营决策［M］. 孟庆翔，译. 北京：中国农业大学出版社，2005.

［16］ 刘强，闫益波，王聪. 肉牛标准化规模养殖技术［M］. 北京：中国农业科学技术出版社，2013.

［17］ 全国畜牧总站. 肉牛标准化养殖技术图册［M］. 北京：中国农业科学技术出版社，2012.

［18］ 许尚忠. 肉牛高效生产实用技术［M］. 北京：中国农业出版

社，2002.

[19] 郭爱珍，殷宏，张继瑜. 肉牛常见病防治技术图册［M］. 北京：中国农业科学技术出版社，2013.

[20] 蔡宝祥. 家畜传染病学［M］. 3 版. 北京：中国农业出版社，1996.

[21] 杨效民，李军. 牛病类症鉴别与防治［M］. 太原：山西科学技术出版社，2008.

[22] 林继煌，蒋兆春. 牛病防治［M］. 北京：科学技术文献出版社，2004.

[23] 王小龙. 兽医内科学［M］. 北京：中国农业出版社，2004.

[24] 周国安，吴恩勤，严建刚. 规模养殖场污水减量化与无害化处理的探索［J］. 中国畜牧杂志，2011，47（8）：57－61.

[25] 国家环境保护局自然生态保护司. 全国规模化畜禽养殖业污染情况调查及防治对策［M］. 北京：中国环境科技出版社，2002.

[26] 朴范泽. 牛病类症鉴别诊断彩色图谱［M］. 北京：中国农业出版社，2008.

[27] 瞿明仁. 饲料卫生与安全学［M］. 北京：中国农业出版社，2008.

[28] 农业部畜牧业司，全国饲料工作办公室. 饲料法规文件［M］. 北京：中国农业科学技术出版社，2014.

[29] 荀文娟. 牛场消毒防疫与疾病防制技术［M］. 郑州：河南科学技术出版社，2018.

[30] 郑久坤，杨军香. 粪污处理主推技术［M］. 北京：中国农业科学技术出版社，2013.

[31] 武深树. 畜禽粪便污染治理的环境成本控制与区域适应性分析［M］. 长沙：湖南科学技术出版社，2013.

图书在版编目（ＣＩＰ）数据

山地黄牛生态养殖 / 姚亚铃编著. — 长沙 ：湖南科学技术
出版社，2021.12
ISBN 978-7-5710-1286-1

Ⅰ．①山… Ⅱ．①姚… Ⅲ．①黄牛－养牛学 Ⅳ.①S823.8

中国版本图书馆CIP数据核字(2021)第222224号

SHANDI HUANGNIU SHENGTAI YANGZHI

山地黄牛生态养殖

编　　著：姚亚铃
出 版 人：潘晓山
责任编辑：任　妮
出版发行：湖南科学技术出版社
社　　址：长沙市芙蓉中路一段 416 号泊富国际金融中心
网　　址：http://www.hnstp.com
邮购联系：0731-84375808
印　　刷：湖南省汇昌印务有限公司
　　　　　（印装质量问题请直接与本厂联系）
厂　　址：长沙市开福区东风路福乐巷 45 号
邮　　编：410003
版　　次：2021 年 12 月第 1 版
印　　次：2021 年 12 月第 1 次印刷
开　　本：710mm×1000mm　1/16
印　　张：17.25
字　　数：257 千字
书　　号：ISBN 978-7-5710-1286-1
定　　价：29.00 元